智能化谷物联合收获机

曹树坤　著

机械工业出版社

本书对谷物收获机的各个模块分别做了介绍，贯穿产品从设计到成形的整个过程。全书共 7 章，分别介绍了谷物联合收获机割台，可调平车体结构的设计、研发，核心装置脱粒清选系统的参数优化，整机液压系统的设计，控制信息的获取，以及控制系统和收获机的智能化等。本书涉及的知识内容较广，其中包括：机械设计、机械原理、液压原理、PLC 控制、计算机语言、数据库等方面的知识。本书的特点是实用性强，与实际产品结合紧密，将理论与实践很好地结合在一起。

本书适合于机械类相关专业的高年级本科生和研究生学习，也可供相关专业从业人员及该领域的研究人员参考。

图书在版编目（CIP）数据

智能化谷物联合收获机/曹树坤著 . —北京：机械工业出版社，2020. 1
ISBN 978-7-111-65781-1

Ⅰ. ①智⋯　Ⅱ. ①曹⋯　Ⅲ. ①智能控制—谷物收获机具　Ⅳ. ①S225. 3

中国版本图书馆 CIP 数据核字（2020）第 094097 号

机械工业出版社（北京市百万庄大街 22 号　邮政编码 100037）
策划编辑：贺　怡　责任编辑：贺　怡
责任校对：李　杉　封面设计：马精明
责任印制：常天培
北京虎彩文化传播有限公司印刷
2020 年 10 月第 1 版第 1 次印刷
169mm×239mm · 8 印张 · 2 插页 · 154 千字
0001—1000 册
标准书号：ISBN 978-7-111-65781-1
定价：49. 00 元

电话服务　　　　　　　　网络服务
客服电话：010-88361066　机　工　官　网：www.cmpbook.com
　　　　　010-88379833　机　工　官　博：weibo. com/cmp1952
　　　　　010-68326294　金　书　网：www.golden-book.com
封底无防伪标均为盗版　机工教育服务网：www.cmpedu.com

前　　言

　　联合收获机是集摘穗、脱粒分离、清选、集箱等功能于一体的复杂的农业机械，能极大地降低农民收获的劳动强度，可以快速便捷地完成农作物的收获入库作业。随着我国经济持续繁荣发展，农民生活水平不断提高，传统收获机越来越不能满足农民对舒适性、智能化方面的要求。传统的玉米收获机存在各种不足，缺少可对收获机收获作业进行实时检测与控制的系统，设备一旦发生故障，不仅维修困难、耽误农时、影响下茬作物的播种，还将使农民遭受重大的经济损失。

　　本书对传统机械式传动做了简单介绍，重点介绍新型液压式智能收获机的设计研发过程。将收获机割台、作业行走、脱粒清选等主要工作部件设计为液压驱动；通过各类传感器的反馈，利用PLC（可编程逻辑控制器）实现对各液压执行元件的实时控制，解决了目前收获机存在的相关问题，较大幅度地提升了我国玉米收获机的设计、制造水平，促进了农机产品的技术创新。

　　智能化、自动化是联合收获机发展的必然趋势，本书利用先进的控制系统，应用各种监测元件，对脱粒滚筒的转速情况及收获机的行进情况等进行在线监测，对各种突发状况提前预警并通过控制系统来调整，确保收获机的稳定运行，保障其收获效率。未来谷物收获机必然会更加广泛地使用信息采集技术和信息控制技术，对田间的各种突发情况提前预警，提高故障的自我诊断能力，实现收获过程的智能化、自动化。

　　感谢山东省科技重大专项、山东省泰山产业领军人才工程、济南大学科技学术著作出版等项目的支持，感谢项目合作单位的支持，感谢参与项目研发的诸位研究生同学！

　　由于作者水平有限，书中难免有错漏和不足之处，真诚希望广大读者提出宝贵意见和建议，在此深表谢意。

著　者

目　　录

第1章 谷物联合收获机割台

　　联合收获机是能够一次完成谷类作物的收割、脱粒、分离茎秆、清除杂余物等工序，从田间直接获取谷粒的收获机械。

　　在联合收获机出现以前，脱粒机和机械收获机这些器械，大大提高了19世纪时的农业生产率。这使得用比以前少的人力去收割更多的谷物成为可能。但19世纪后期联合收获机的出现，进一步地提高了农业生产率。联合收获机将收获机与脱粒机的功能整合在一起，使农民能以单一的操作过程去完成收割和脱粒。从而节省了人力物力，大大减轻了农民的劳动强度。不同的作物收获机的车体部分大致相同，但不同作物的割台存在显著差异，谷物联合收获机的割台分为立式割台和卧式割台。立式割台收获机工作时，将割断后的作物直立地进行输送并使之转向铺放。它具有结构简单、重量轻、与拖拉机配套的机器前伸量小、地头转弯灵活、操作方便等优点。但它也存在着一定缺点，比如会在地头造成散穗损失，割幅不能增宽（只能割1.2m），效率低，收割倒伏作物性能差等。卧式割台采用偏心拨禾轮，拨板将作物拨向切割器切割，随后将已切割的作物拨到割台上，扶禾器主要将倒伏的作物扶起，交给拨禾星轮或其他拨禾装置扶持着作物进行切割。其纵向尺寸较大，但工作可靠性较好，下面就收获不同农作物的联合收获机割台做简单介绍。

1.1　水稻割台

　　水稻是我国第一大粮食作物，种植面积约3000万公顷，约占世界水稻种植面积的21%，年产量近1.6亿t，占世界总产量的34%[1]。水稻不仅是重要的粮食资源，而且水稻在生物化学和制药等方面都有着广泛的应用。水稻在我国的种植分布广泛，其主要产地为福建、江西、江苏、安徽、湖北、湖南、浙江、四川和重庆等地，而这些地区多是山地和丘陵，水稻田多为梯田和小块田。地区作业环境气候差异很大，所以与小麦相比，水稻的大规模机械化收获更难实现，这就对水稻收获机械的适应性和可靠性提出了更高的要求。农业被视为我国的立国之本和国家富强的基础，无论何时都必须重视粮食的生产、储备、投放能力，粮食的增产更需要农业机械化的支撑。

水稻割台如图 1-1 所示。拨禾轮和搅龙基本上和谷物联合收获机相同。但为了加强对倒伏水稻的扶起能力和铺放时对作物的梳理作用，采用偏心拨禾轮，并在拨禾板上装有加强、加长的弹齿。搅龙采用较高的圆周速度，并将左右两边螺旋适当延长至中间耙齿，其延长部分采用较大的螺距，以利于作物均匀喂入谷物

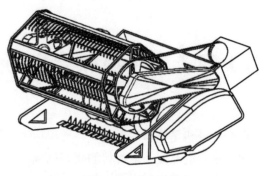

图 1-1　水稻割台

联合收获机的中间输送装置。水稻割台工作时，由偏心拨禾轮将作物扶起并引向往复式切割器，切割后被拨送铺倒在过渡输送装置上，由它将作物均匀、整齐、连续地送到搅龙下方，被搅龙以穗头向前的方式送入谷物联合收获机的中间输送装置。

1.2　小麦割台

小麦是我国的主要粮食作物之一，全国小麦收获的机械化水平已超过 80%。我国小麦收获机械的发展始于 20 世纪 50 年代初，经过引进、仿制、自行研制、开发，取得了长足的发展，已形成了种类繁多、大中小型并举、基本能满足我国小麦收获需求的具有中国特色的收获机械体系，某些方面已接近或达到国际先进水平。

割台是小麦收获机的主要部件之一，其功用是完成割禾工作，并随即把割倒的小麦集中连续不断地输送给输送槽。该机构体积小、重量轻、操作灵活、通过性与适应性好，能较好地解决大型收获机在丘陵、山区难以收割的难题。

小麦割台一般由切割器、曲柄驱动机构、液压升降装置、偏心拨禾轮、框架横向输送机构（倾斜输送器）组成。其工作时，拨禾轮首先把作物扶住拨向割刀，让割刀把作物割倒后，拨禾轮随即把作物推倒到割台上，横向输送机构把割倒下来的作物向中间集送到伸缩拨指机构，然后伸缩拨指机构将谷物流转过 90° 纵向送入倾斜输送器，由输送链耙将谷物喂入滚筒，如图 1-2 所示为小麦割台的示意图。

在小麦割台上装有拨禾、扶禾装置，称为拨禾器，它所要实现的功能是：把待割的作物茎秆向切割器的方向引导，对倒伏作物，要在引导的过程中将其扶正；在切割时扶持茎秆，以顺利切割；把割断的茎秆推向割台输送装置，以免茎秆堆积在割台上。因此，拨禾、扶禾装置能提高收割台的工作质量、减少损失、改善机器对

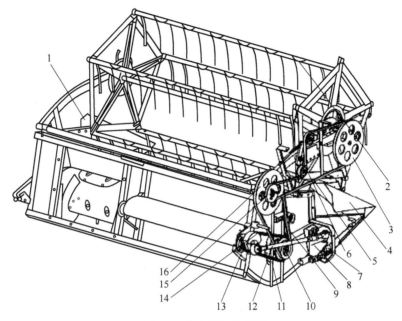

图 1-2　小麦割台示意图

1—左分禾器　2—拨禾轮　3—拨禾轮带轮　4—右分禾器　5—传动带
6—拨禾轮张紧轮　7—切割器　8—摆杆　9—B1626 传动带　10—割台搅龙
11—链条节　12—长连杆　13—曲柄　14—张紧轮　15—小带轮　16—大带轮

倒伏作物的适应性。

联合收获机中连接割台和脱粒机的倾斜输送器，通常称为过桥或输送槽，如图
1-3 所示。它的作用是将割台上的谷物均匀连续地输送到脱粒机。全喂入式联合收

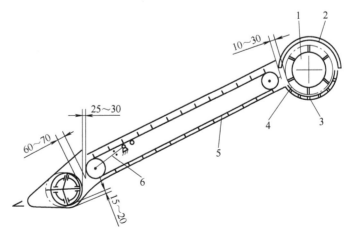

图 1-3　割台输送过桥

1—滚筒　2—导板　3—凹板　4—滚筒齿迹圆　5—链耙　6—浮动臂

获机上采用链耙式、带式和转轮式 3 种；半喂入式联合收获机上采用的是夹持输送链。联合收获机的倾斜输送器由壳体和链耙两部分组成。链耙由固定在套筒滚子链上的许多耙杆组成。耙杆成 L 形，其工作边缘做成波状齿形，以提高抓取谷物的能力，两排耙杆相互交错排列。为使链条正常传动，在下部被动轴上装有自动张紧装置。支架是固定在壳体侧壁上的。弹簧通过螺母把输送器的被动轴自动张紧。调节螺母可改变弹簧的压紧情况，使链耙处于正常的张紧状态。为适应谷物层厚度的变化，避免堵塞，通过弹簧使输送器被动轴可以上下浮动。当谷物层变厚时，被动轴被谷物层顶起，压缩弹簧起自动调节作用。链耙的正常张紧度可在被动轴下方测量。耙杆与底板的间隙为 15~20mm，此时链耙中间的耙杆与底板稍有接触。

1.3　大豆割台

大豆一直被公认为含有优异的食用油脂、优异的植物蛋白，包括对人体有益的多种营养物质，并且大豆不仅仅是饲料作物和粮食作物，它还是世界上重要的油料作物、经济作物和蔬菜作物。大豆在我国拥有着久远的种植历史，我国曾经是世界上主要的大豆出产国之一。近年来，国内的大豆需求量居高不下，而我国的大豆产量却一直跟不上这种形势的变化，造成了不得不进口国外大豆的局面，这种情况直接对我国的粮食战略安全形成了威胁。

割台的好坏直接影响大豆收获的效率及收获的合格率。本节就利用计算机三维软件所建立的大豆割台三维模型对大豆割台进行介绍，如图 1-4 所示为所建立

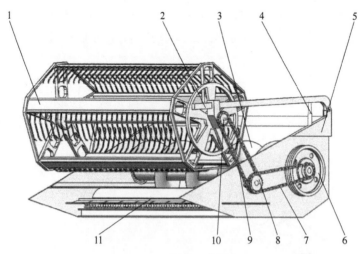

图 1-4　大豆割台三维模型

1—拨禾轮　2—拨禾轮升降支架　3—搅龙　4—升降液压缸　5—割台机架
6—搅龙带轮　7—主动链　8—双排链轮　9—从动链　10—单排链轮　11—割刀

的大豆割台三维模型，大豆割台与小麦、水稻割台的结构大致相同。

在大豆联合收获机进入大豆田间工作时，在机器的前进过程中，处在即割区中的大豆茎秆，由拨禾轮拨向割刀处进行切割，被切割的大豆茎秆倒在割台上，由割台的搅龙装置将已经切割的大豆茎秆推送到过桥中，然后大豆茎秆被拨指机构以一定的速度向后抛送，大豆茎秆落入过桥中，割台工作完成。

为了降低收获大豆时的损失，大豆联合收获机建议采用挠性割台，其结构如图 1-5 所示。挠性割台的机构主要由过渡板、能够实现上下移动的四杆机构和割刀装置组成。过渡板有两层弹簧板构成，其中弹簧板的厚度为 0.8mm，过渡板和割台宽度相同。并且过渡板被以悬臂形式安装在搅龙和割刀装置中间，主要由两层紧贴的弹簧钢板提供弹性使其依附在护刃器梁的下方。当割刀装置连带护刃器梁随着挠性割台一起上下浮动时，由两层弹簧板构成的过渡板与护刃器梁之间产生了一定距离的相对滑动，相对滑动量最大为 10mm。挠性割台有 6 组四杆机构，主要安装在割台的下部，四杆机构在挠性割台中的作用是能够实现往复式切割，装置随着地形上下移动。在这 6 组四杆机构的下方有一个滑板，其名称为仿形滑板，仿形滑板与这 6 组四杆机构铰接在一起，并且仿形滑板还与护刃器梁连接在一起，主要是通过前端的螺栓与之连接。所以挠性割台在工作时，往复式切割装置也会随着地势的变化实现纵向移动和横向移动，这样就实现了对于地势变化较大作物的收获。

由于四杆机构并不是真正的平行四杆机构，所以当机器随着地势运动时，四杆机构下方的仿形滑板只能上下移动，如图 1-5 所示。四杆机构上的点 A 可以实

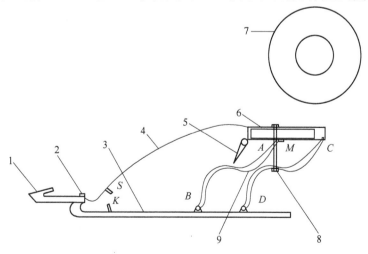

图 1-5　挠性割台结构

1—割刀　2—护刃器梁　3—仿形滑板　4—过渡板　5—传感臂　6—固定梁架

7—搅龙　8—锁定螺栓　9—滑槽

现在固定梁架内的槽孔中进行前后移动，而且四杆机构能使仿形滑板更好地适应地势的变化，保证割台与地面之间的接触面积达到最大。该四杆机构设有限位装置，能够实现仿形滑板浮动控制。在四杆机构点 A 的后端有一个块 M，它与四杆机构的 AB 杆焊接在一起，当仿形滑板随着地势下降时，块 M 就会被顶在固定梁架上，仿形滑板就不能继续向下方移动，所以块 M 起到了限制滑板向下移动的下限位作用。另外，当过渡板上的块 S 下降到一定位置时，会顶住仿形滑板上的块 K，所以说当往复式切割装置下降到一定位置时，块 K 对往复式切割装置的前端起到下限位的作用。当四杆机构的杆件 CD 顶在固定梁架上时，说明仿形滑板已经达到了上限位置，不能再继续向上移动了。浮动四杆机构可用螺栓将其锁住，这样挠性割台就成了刚性割台。

拨禾轮的作用有以下几点：

1）将待割的大豆茎秆拨向切割装置中。

2）将倒伏的大豆作物扶直，并能在切割时扶持茎秆。

3）拨禾轮将已经被往复式切割装置切割的大豆茎秆拨向割台方向，防止被切割的大豆茎秆一直堆积在往复式切割装置中，造成堵塞。

拨禾轮是偏心式拨禾轮，主要由拨禾轮轴、幅盘、幅条组成主框架，并在拨禾轮轴一端装有与拨禾轮轴成偏心的圆环及与拨禾轮幅条长度相等的平行幅条，以调节扶禾弹齿及其拨禾板的前后倾角。偏心拨禾轮有利于扶起倒扶作物，并减少对作物的打击。图 1-6 所示为偏心式拨禾轮的结构。拨禾轮轴上的幅盘指的是图中的 O 位置，拨禾轮的偏心圆环指的是 O_1 位置，图中的 A—A 为拨禾轮的管轴，在管轴上固定有弹齿 AB，幅盘 H 的幅条与管轴 A—A 铰接在一起，偏心圆环 O_1 的幅条与曲柄 A—a 铰接在一起，O 和 O_1 的两组幅条长度相等，偏心距

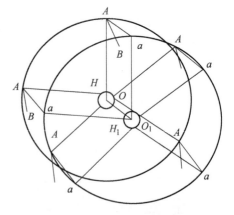

图 1-6　偏心式拨禾轮的结构

OO_1 的长度和曲柄 A—a 的长度相等。所以，偏心式拨禾轮的结构是由 5 组平行四杆机构 OO_1aA 组成。偏心圆环 H_1 可绕轴心 O_1 转动。当调整偏心圆环 H_1 的位置时，就可改变 OO_1 与轴线 OA 之间的相对位置，曲柄 Aa 也随之改变其在空间上的角度。将角度调整好之后，OO_1 的相对位置也固定下来了。所以当拨禾轮旋转时，不论转到哪个地方，Aa 始终平行于 OO_1，弹齿 AB 也始终会保持已经调整好的倾角。

1.4　常规玉米割台

作为玉米割台核心装置的摘穗机构的作用是把玉米果穗从茎秆上摘下并将其送到输送搅龙。目前,主流玉米割台摘穗机构主要分为摘穗辊式和摘穗板+拉茎辊式两种。图 1-7 所示是一种配备摘穗辊式玉米割台,每个玉米割台根据收获行数布置数个摘穗单元,比如两行收获机布置两个独立工作的摘穗单元。每个摘穗单元都是由一对表面带有螺旋凸棱圆柱体的斜置式纵卧摘穗辊和拨禾装置组成,工作时两个摘穗辊将拨禾器拨入的玉米茎秆向下拉伸,由于茎秆的拉力大于茎秆与穗柄的连接力和穗柄与果穗的连接力,故玉米果穗在摘穗辊的挤压下与玉米茎秆脱离,被摘下的玉米果穗在拨禾器的作用下,传送至横向搅龙或果穗升运器处。这种机构结构简单,摘穗时茎秆不易断裂,适应性较强,嗑粒和啃粒较多,但是收获速度较慢,故市场上的主流产品已经很少采用此种结构。

图 1-8 和图 1-9 所示为摘穗板+拉茎辊式玉米割台,一个摘穗单元是由两片摘穗板和一对拉茎辊组成,作业时一对相向旋转的拉茎辊将玉米茎秆向下拉动,静止的摘穗板将果穗挡住并使其脱离玉米茎秆,最后由拨禾器将果穗送入横向搅龙或果穗升运器中。在一定条件下,该种摘穗机构果穗损失/损伤小,籽粒破碎率低,但需要根据玉米茎秆直径和果穗大小,对摘穗板和拉茎辊的间距进行调节,才能达到降低损失率和损伤率的目的。

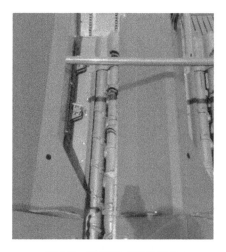

图 1-7　摘穗辊式玉米割台

图 1-8　摘穗板+拉茎辊式玉米割台

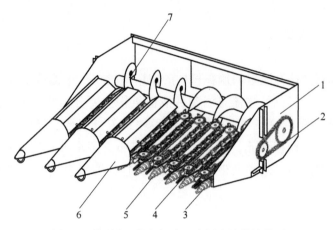

图1-9 摘穗板+拉茎辊式玉米割台的结构简图

1—支撑板 2—传动链轮 3—加持轮 4—摘穗板 5—拉茎辊 6—保护罩 7—搅龙

1.5 新型玉米割台

1. 割台螺旋推运器

割台螺旋推运器由螺旋和伸缩扒指两部分组成。螺旋将割下的谷物推向伸缩扒指,扒指将谷物流转过90°纵向送入倾斜输送器,由输送链耙将谷物喂入滚筒,如图1-10所示为割台螺旋推运器。

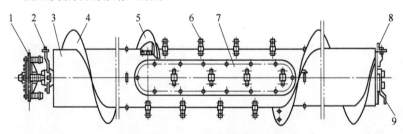

图1-10 割台螺旋推运器

1—主动链轮 2—左调节杆 3—螺旋筒 4—螺旋叶片 5—附加叶片 6—伸缩扒指
7—检视盖 8—右调节杆 9—扒指调节手柄

割台螺旋的主要参数有内径、外径、螺距和转速等。

内径的大小应使其周长略大于割下的谷物茎秆长度,以免被茎秆缠绕。现有机器上多采用直径300mm。

螺旋叶片的高度应该能够容纳割下的谷物,通常情况下采用的叶片高度为100mm,因而螺旋外径多为500mm。

为了保证螺旋对谷物的输送和提高输送的均匀性，螺距值 S 一般都在 600mm 以下，多数联合收获机上取 460mm。也可用经验公式 $S=(0.8\sim1)D$ 来计算，式中 D 为螺旋外径。

为了保证谷物的及时输送，需要一定的螺旋转速。由于谷物只是占有螺旋叶片空间的一小部分，一般在 150~200r/min 的范围内。

2. 伸缩扒指

伸缩扒指安装在螺旋筒内，由若干个扒指（一般为 12~16 个）并排铰接在一根固定的曲轴上。工作时，要求扒指转到前下方时，具有较大的伸出长度，以便向后扒送谷物。当扒指转到后方时，应缩回螺旋筒内，以免回草，造成损失。扒指外端与割台底板的间隙应保持在 10mm 左右。

3. 割台的升降和仿形装置

联合收获机作业时，要随时调节割茬高度，要经常进行运输状态和工作状态的相互转换。所以，割台必须能很方便地升降。现代联合收获机都采用液压升降装置，操作灵敏省力，一般要求在 3s 内完成提升或下降动作。为避免割台强制下降造成的损坏和适应地形的需要，割台升降液压缸均采用单作用式液压缸。因此，割台下降时是靠自重将油液从液压缸压回贮油箱实现的。当油泵停止工作时，只要把分配阀的回油路接通，割台就能自动降落。这一点在使用安全上十分重要，需要将支撑支好，以免割台突然下降造成事故。

为了提高联合收获机的生产率，保证低割和便于操纵，现代联合收获机都采用仿形割台，即在割台下方安装仿形装置，使割台随地形起伏变化，以保持一定高度的割茬。目前，生产上使用的割台仿形装置有机械式、气液式和电液式三种。

1.5.1　割台整体结构

新型谷物收获机割台主要由割台支撑架、折叠机构、9 组摘穗辊组合、导轨、滑块、搅龙、导轨支撑架、液压缸和护板组成。导轨安置在导轨支撑架上，9 组摘穗辊组合安置在导轨上，每两组摘穗辊组合之间安装一个液压缸，割台支撑架分为三部分，两两之间通过折叠机构连接，折叠机构通过液压缸和中间割台支撑架连接，搅龙分为三段，每一段对应一部分割台支撑架。导轨支撑架分为左、中和右三部分，平行放置但不共线，左右两端分别分布有两组摘穗辊组合，中间分布有 5 组摘穗辊组合，最左端的摘穗辊组合连接到左端导轨支撑架的最左端，滑动的时候可带动左端的导轨支撑架一起滑动，使左端导轨支撑架可以收到中间部分的内侧，右端的导轨支撑架亦是如此，均可收到中间部分的内侧，具体结构如图 1-11 所示。割台设置有一组摘穗辊组偏置液压缸，9 组摘穗辊可以在此液压缸的带动下同时移向割台一侧。

每组摘穗辊由一个液压马达提供动力，同时搅龙的动力也由液压马达提供，谷物割台被设计成为可折叠结构，此结构的设计充分满足了在割台折叠的过程中，谷物割台中各部分互不干涉。

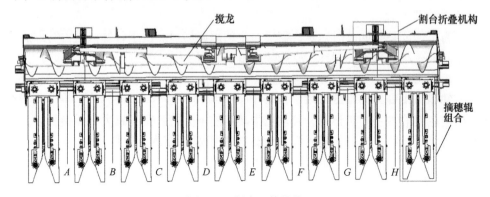

图 1-11　割台整体结构

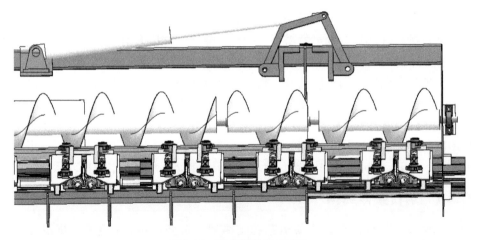

图 1-12　割台折叠前的结构

　　由于 9 行割台的宽度较大，将割台设计为可折叠形式，割台全部展开的总宽度为 4550mm，左右两边的折叠部分的宽度为 860mm，折叠功能通过两个液压缸的伸缩来实现，折叠结构的设计简单巧妙，成本低，方便实用，并且可以在割台折叠过程中避免出现死点位置，使整个过程更加平稳，折叠前、后的效果如图 1-12 和图 1-13 所示。搅龙的转动由位于割台中间部分的马达通过链轮带动调节，搅龙由于折叠的需要也做了分段的结构设计，并设计了合理的对接结构，在两边的割台都处于折叠状态的时候，中间段的割台也可以进行收割工作。

　　每组摘穗辊组合包括两个摘穗辊、摘穗辊护板和摘穗辊齿轮箱，摘穗辊组合如图 1-14 所示，图 1-14a 为目前已加工组装完成的摘穗辊组合实物图。每个摘穗辊组

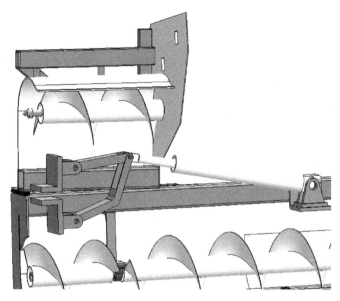

图 1-13　割台折叠后的效果图

a)

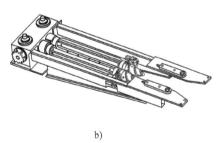

b)

图 1-14　摘穗辊组合

a）摘穗辊组合实物图　b）摘穗辊组合三维图

合下面连接 4 个滑块，放置于割台支撑架所铺设的导轨上，滑块和导轨选择了 CSK 公司的 LMG30H 型号，导轨宽度为 28mm，滑块宽度为 60mm，每组摘穗辊组合的重力大约为 800N，平均分配到 4 个滑块上，每个滑块承受的重力为 200N，远小于滑块的最大承重 50kN，充分满足了滑块的受力要求。滑块连接导轨均置于导轨支撑架上，9 组摘穗辊组合在导轨支撑架上的装配实物如图 1-15 所示。

传统的割台传动方式已经无法运用于本设计中，目前市面上的割台传动方式一般都是从割台一侧开始传递给所有的齿轮箱，每个齿轮箱再带动相对应的摘穗辊转动，在这里由于摘穗辊组合是左右可以调节间距的，因此需要更改传统的传动方式，改为每一个辊子组安装一个提供摘穗辊转动和拨禾器转动的马达，马达连接一链轮，动力通过链轮传递给齿轮箱，齿轮箱同时带动两个辊子向内侧转动。

与传统的谷物割台的设计不同，本设计将割台上的 9 组摘穗辊模块化，做成了

图 1-15　摘穗辊组合的装配实物

9 组摘穗辊组合，每两个组合之间连接一个液压缸使得摘穗辊两两之间可以在液压缸行程范围内左右移动。而后将摘穗辊组合全部直线排开安置在工字形导轨上，导轨下端铺设在导轨支撑架上。在收获机到达工作地块后，将谷物收获机停在收获区一侧，此时割台上安置的摄像头开始采集田间谷物植株的照片，采集到的照片在计算机上进行图像预处理，并进行谷物植株位置的判定。计算机通过处理计算出田间谷物的种植株距后，将得到的最终距离值传递给 PLC（可编程逻辑控制器），PLC 控制器通过控制割台液压阀的开合来控制割台进行折叠动作、调节行距动作和整体偏移动作。调节好行距以后，便可以开启马达，末端液压马达通过变速器带动摘穗辊和拨禾器工作，起动收获机开始进行收获工作。

1.5.2　割台关键结构

1. 摘穗辊支撑板和搅龙的对接结构设计

摘穗辊组合支撑板的作用是支撑 9 组摘穗辊组合并方便摘穗辊组合和导轨的连接。为了有更高的强度和稳定性，该支撑板左侧的上板面连接一对滑块，右侧的下板面连接一对滑块，这样可以使滑块始终承受摘穗辊组合带来的压力作用，而不会受到向上的拉力，充分地保证了滑块的寿命。摘穗辊支撑板实物如图 1-16 所示。该支撑板虽然设计简单，但是对于割台行距可调起到了很重要的作用。

图 1-16　摘穗辊支撑板实物图

在折叠过程中，搅龙也随着割台的折叠而做了断开的设计，它通过一个特殊的对接结构来实现，具体结构如图 1-17 所示，保证了在割台全部展开的时候搅

a)　　　　　　　　　　　　　　　　b)

c)

图 1-17　搅龙对接结构

a）对接结构公头　b）对接结构母头　c）对接效果

龙可以正常工作，同时又方便折叠。搅龙的直径为 121mm，厚度为 5mm，使用了轴承座来支撑中间段的搅龙，左右各使用两个轴承座来支撑，稳定性强。这个特殊的对接结构在对接母头部分做了内置的弹簧芯，保证了搅龙无论旋转到任何角度进行对接时都不会产生刚性碰撞，对接结构的公头部分做成锥形，充分保证搅龙的左右两侧和中间部分可以顺利对接。

2. 抽拉式导轨支撑架的设计

割台的导轨支撑架采用的是一种抽拉结构，如果割台的中间段和两边段都简单地铺设导轨，由于割台需要折叠，必定存在导轨接缝，接缝的对接精度要求非常高，不然会阻碍滑块在导轨接缝处的自由滑动。但是由于谷物收获机的使用环境及农机精度不高的局限性，精度无法保证，这样就会存在滑块无法正常滑动的问题，而这种特殊的抽拉式导轨支撑架就可以很好地解决这个问题。

抽拉式导轨支撑架被设计为三段，其中左右两段可以被收进中间段内，中间段是固定在割台支撑架上不动的，左右两段可以实现抽拉。摘穗辊在导轨架上的分布是对称的，其中两组摘穗辊分布于左端的导轨支撑架上，右端也分布有两组摘穗辊，中间段导轨支撑架分布有 5 组摘穗辊。最左端和最右端的摘穗辊组合分

别被焊接在可以活动的两个导轨支撑架上，在滑动的时候可以带动导轨支撑架一起活动，如图 1-18 所示为导轨支撑架。

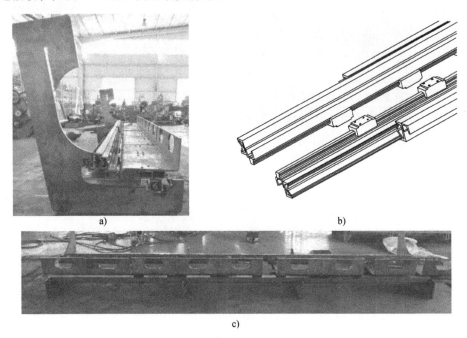

a)

b)

c)

图 1-18 导轨支撑架

a）割台导轨支撑架的侧面 b）抽拉式导轨支撑架的局部 c）导轨支撑架和摘穗辊支撑板的连接图

3. 摘穗装置的分析和计算

摘穗装置采用的设计沿用了传统的两对反向且均向内转动的摘穗辊。每个摘穗辊的结构均分为两段，包括锥体部分和一小段圆柱体部分。其中锥体部分的锥体上带有螺旋的凸起，其作用主要是在收割谷物的时候将谷物秸秆向摘穗辊内部牵引，摘除谷物的工作主要是在中段进行。摘穗辊工作区位于圆柱体部分，它的表面是凸起的棱，也叫挤压板。当茎秆由前段被输送进入工作段后，在两个摘穗辊同向转动时，谷物被摘落。在这个过程中，摘穗辊有很多重要的参数需要科学合理地设计，比如若摘穗辊倾角过大则可能会在收获时漏掉谷物果实；若一组中的两个摘穗辊间距过小，容易导致秸秆堵塞。本节针对割台在工作过程中容易出现的问题，将经验数据和理论相结合，确定合理的摘穗装置参数。

（1）摘穗辊倾角的确定 根据经验和研究得知一组摘穗辊组合中的两摘穗辊应保持平行，最好保持有一定的高度差，这里将差值定为 35mm。摘穗辊轴线与水平面之间的夹角为 30°~40°。根据实际经验积累得知，当这个夹角越小时，越有利于摘穗。本设计中最后确定摘穗辊轴线和水平面之间的夹角为 30°。

（2）摘穗辊锥形引导头顶角的确定　摘穗辊前端有一小段锥体的部分，锥体上分布有凸起的螺旋线，这部分的作用主要是用来引导谷物秸秆进入两个摘穗辊中间。经过理论分析和经验分析，最终将顶角确定为40°，如图1-19所示。

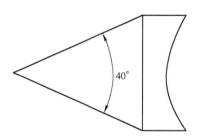

图1-19　摘穗辊锥形引导头顶角

（3）摘穗辊的径向尺寸　摘穗辊的径向尺寸的确定，主要是依据工作条件下能否顺利地将谷物从谷物秆上挤落，则

$$\frac{d_{\mathrm{g}} - \delta}{1 - \dfrac{1}{\sqrt{1 + \mu_{\mathrm{g}}^2}}} \geqslant D \geqslant \frac{d_{\mathrm{j}} - \delta}{1 - \dfrac{1}{\sqrt{1 + \mu_{\mathrm{j}}^2}}}$$

式中，d_{g} 为与谷物果实相连的侧秆直径；d_{j} 为谷物秆的直径；δ 为同一组摘穗辊组合中两摘穗辊之间的间隙；μ_{g} 和 μ_{j} 分别为一对摘穗辊对谷物果实和谷物秆的抓取系数，通过查阅手册得知 $\mu_{\mathrm{g}} \approx \mu_{\mathrm{j}} = 0.8 \sim 1.1$，由此可知：$(3 \sim 4.5)(d_{\mathrm{g}} - \delta) \geqslant D \geqslant (3 \sim 4.5)(d_{\mathrm{j}} - \delta)$，得到 $100 \geqslant D \geqslant 72$，根据经验得知，摘穗辊直径太大容易降低收获效率，本设计中取直径大小为75mm。

（4）摘穗部分轴向尺寸的确定　摘穗辊的轴向尺寸一般是根据谷物的长势来确定的，需要提前统计并查阅一棵谷物秆最高处的果实和最低处的果实之间的距离。设计的最终目的是保证在正常工作时，可以将最低的谷物果实和最高的谷物果实都顺利摘下来，摘穗辊轴向尺寸的确定如下

$$L_{\min} = L_{\mathrm{g}} \sin\beta$$

式中，β 为摘穗辊轴线和水平面之间的夹角；L_{g} 为最高的果实和最低的果实之间的距离。根据经验得知：$L_{\mathrm{g}} = 600 \sim 1000\mathrm{mm}$，本设计取 L_{g} 为1000mm，得 $L_{\min}$ 为500mm。最终通过理论分析并结合实际经验得到工作部分的长度 L 为600mm。由于锥形引导头顶角为40°，得到锥形引导头的长度为 $L_{\mathrm{z}} = \dfrac{100\mathrm{mm}}{2\tan 20°} \approx 137\mathrm{mm}$，两摘穗辊的高度差为35mm，摘穗辊轴线与水平面之间的夹角为30°，两摘穗辊的长度差为70mm，则最终定一组摘穗辊长度为737mm和807mm。

（5）摘穗辊转速的确定　摘穗辊线速度应保持在合理的范围内，如果线速度过低，谷物秆和摘穗辊之间容易发生相对的滑动；如果线速度过高，会降低收获的效率。通常我们取顶圆的线速度在 $3.4 \sim 3.8\mathrm{m/s}$，摘穗辊线速度 v 取 $3.5\mathrm{m/s}$，则

$$n = \frac{v}{\pi D} = \frac{3.5 \times 1000 \times 60}{3.14 \times 75}(\mathrm{r/min}) \approx 892(\mathrm{r/min})$$

（6）材料的选择　材料为 HT200 灰铸铁。

1.6　模块化通用谷物割台

　　当今时代的发展趋势便是趋于通用化发展，鉴于我国广阔的地域及丰富的农作物品种，为了提高谷物联合收获机的使用效率，实现一机多能的工作模式，本节结合小麦、水稻、大豆等作物的特点，以现有的割台结构为基础，设计一款通用谷物联合收获机的割台结构，它可以根据不同农作物的收获特点进行独立调节。在本割台的设计中，将原有的机械传动部分改为液压传动。在目前收获机发展的过程中，液压传动方式在大型的联合谷物收获机上的使用比例越来越大，液压割台必将逐渐取代现有的机械传动割台，而且液压传动更便于实现自动化控制。

　　以现有的收获机结构为基础，通过对拨禾轮、搅龙、割刀等结构进行工作分析，选择以液压马达独立推动拨禾轮、搅龙、割刀等结构的通用型谷物联合收获机液压割台，通过液压换向阀对系统元件进行回路控制。相对于传统的带链轮连接机械割台，使用液压集成块可以实现快速液压底盘的拆装，提高工作效率；同时各元件之间传动与控制相互独立，可以针对不同的农作物、不同的生长环境提供最优化的工作参数，提高生产效率、降低损失、提高经济效益。与此同时，操作人员可以根据实际的生产使用情况，对机器的工作数据进行采集、计算、分析、优化，为发展新机型提供详细准确的实物资料。如图 1-20 所示为谷物联合收获机液压割台结构的简图。

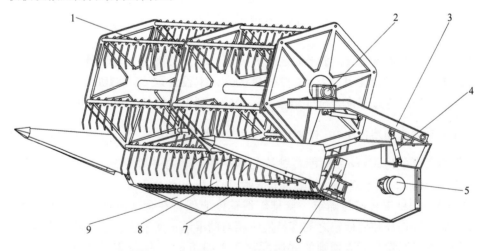

图 1-20　谷物联合收获机液压割台结构的简图

1—拨禾轮　2—拨禾轮液压马达　3—拨禾轮支撑架　4—拨禾轮支撑液压缸
5—搅龙液压马达　6—割刀液压马达　7—割刀　8—搅龙　9—割台机架

根据通用式割台的要求，针对一机多用的需要，可根据传统小麦、大豆等收获机割台与传统玉米收获机割台之间的拨禾轮、割刀与拨禾器之间的传动方式的特性，将传统小麦等谷物收获机割台进行拆装与相对的改进，实现玉米割台与小麦等谷物割台的模块化处理，实现一机多用。如图 1-21 所示为小麦、大豆、水稻等谷物收获机割台转化为玉米割台。

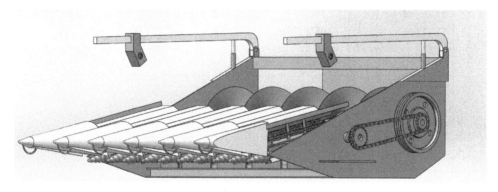

图 1-21 模块化玉米割台

1.6.1 割台的驱动

拨禾轮、搅龙、割刀选择以液压马达独立推动，使用液压阀独立单一控制各执行元件的通用型独立液压割台，结合液压系统的工作原理及特点，选择闭式静液压传动方案。其主要特点是结构简单、安装灵活、油箱体积小、工作效益高、工作能量损失小。其主要部件有工作泵、工作马达、液压缸、换向阀、补油泵、溢流阀。其中泵为系统动力元件，马达、液压缸为执行元件，电磁换向阀为控制元件，一起组成工作系统。补油泵与溢流阀组成补油系统，对系统损失进行补偿的同时换油降温，保证系统工作时油温符合使用要求。图 1-22 所示为基本的割台液压系统图。

1.6.2 割台模块化接口

为了增加割台的通用性，需要将割台与收获机底盘连接进行模块化，因此需设计一种通用型联合收获机底盘与割台模块化接口。

设计通用型联合收获机底盘与割台模块化接口主要体现在以下两个方面：①一系列的零部件和机构为完成通用型联合收获机底盘与独立割台的快速驳接而按照特定方式安装的一种集成，这种集成称为模块化，通过整体的模块化驳接机构中不同子模块发挥各部分的功用可快速方便地连接或断开通用型底盘与割台；②通用型联合收获机高性能底盘通过该统一规范、标准形式的模块化接口可以与安装

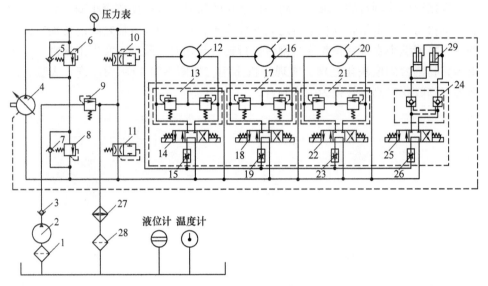

图 1-22　割台液压系统图

1、28—过滤器　2—定量泵　3、5、7—单向阀　4—变量泵　6、8、9—溢流阀

10、11—两位两通中位阀　12、16、20—定量马达　13、17、21—调压阀组

14、18、22—三位四通换向阀　15、19、23、26—调速阀　24—双向自锁阀

25—M 型三位四通换向阀　27—冷却器　29—拨禾轮支撑液压缸

了相对应接口的各种独立割台快速、方便、稳定、可靠地连接，通用型联合收获机便可收获多种作物，实现一机多用的目的。

为完成模块化接口的研究设计并使其能完成方便快速对接的工作，首先需要克服以下 4 个难点：①割台重量大，在不使用其他辅助安装工具的基础上，想要快速方便地与底盘连接要克服割台的不能随便移动的特点，即割台的不可移动性，只能通过移动底盘来对接接口；②为保证模块化接口在收获机作业时的稳定性及可靠性，联合收获机底盘与割台的驳接是一种固定位置精密配合，但在对接过程中联合收获机底盘很难准确无误地移动到割台对接接口所需的指定位置，而如果底盘接口不能到达驳接时的指定位置，驳接工作便不能顺利进行；③当底盘与割台分别处于预定的安装位置时，需要一种装置来锁死割台与底盘的相对位置，不能有相对的运动，而且该装置需要有操作方便、结构简单及稳定可靠等特点；④割台与联合收获机底盘能否实现快速连接与断开。为了克服以上 4 个难点，需要从以下两方面来设计收获机的模块化接口。

1. 导向机构的设计

导向机构的主要作用是满足联合收获机底盘上的输送槽接口通过该机构与割台上的接口能快速方便地达到他们安装时设计要求所设定的位置，以便于输送槽上的支撑挂接机构可以准确无误地支撑挂接割台的支撑梁。

图 1-23 所示为导向机构的原理，安装在通用型联合收获机输送槽两侧的凹导向轨及安装在独立割台两侧的凸导向轨构成了模块化接口的导向机构。研究设计导向机构有 3 个作用：①在底盘与割台驳接时起导向作用，以保证收获机底盘与割台的驳接快速准确；②凹、凸导向轨设计成截面为梯形的结构，可以承受割台在输送槽上的约束力；③左右凹、凸导向轨较低端设计有安

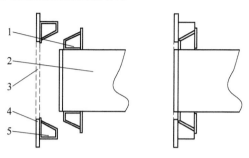

图 1-23　导向机构的原理
1—凸导向轨　2—输送槽　3—割台输料口
4—割台主挂梁　5—凹导向轨

全锁孔，安全锁的左右插销通过左右凸导向轨的锁孔伸入左右凹导向轨的锁孔时，便完成了安全锁的锁定操作。

2. 挂接支撑机构的设计

模块化接口的挂接支撑机构起着承载割台的主要重力、承担底盘与割台之间可靠稳定连接的作用。其中包括安装在输送槽上的支撑机构和安装在独立割台上的挂接机构，两者相互配合连接，构成通用型联合收获机底盘模块化接口及独立割台模块化接口的驳接系统。

第 2 章 ▎ 可调平车体结构设计

2.1 调平收获机的车体结构设计

本章以智能化玉米联合收获机为例,对收获机的车体部分做详细介绍。智能化谷物联合收获机去掉了传统收获机的刚性连接座,在车架与车桥上分别安装液压缸连接座,采用油气悬架液压缸连接车架与车桥。油气悬架液压缸不仅起到了调整车身姿态的作用,同时,由于油气悬架液压缸内部的细小油口,导致油液在流动过程中对车身还起到减振的作用。智能化谷物联合收获机整机的结构布局如图 2-1 所示。

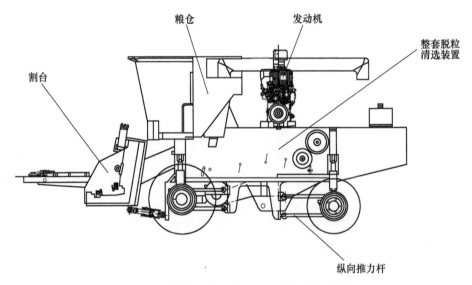

图 2-1 智能化谷物联合收获机整机的结构布局

2.2 车体结构应力分析

因为车架底盘前桥需承受 100kN 的重力,后桥需要承受 40kN 的重力,所以

需要先进行受力分析，看变形及受力是否满足要求。图 2-2 和图 2-3 所示为车架
应变及应力图。

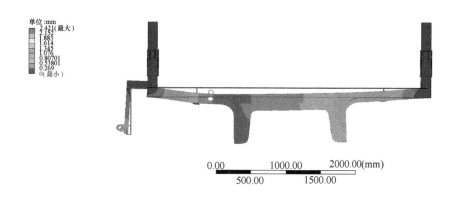

图 2-2　车架应变图

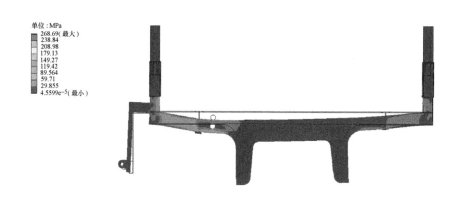

图 2-3　车架应力图

　　车架最大变形为 2.421mm，符合要求。最大应力为 268.69MPa，过大，而且
出现在前侧纵梁和竖梁连接处，在后边的车架焊接处需要在此处加装加强肋以提
高强度。

　　为防止整车车身偏移过大及车桥前后相对移动，在收获机车桥及车架上需加
装推力杆。本书在单个桥上加装四条纵向推力杆，平衡收获机纵向冲击力，及防
止收获机前后桥相对前后移动。加装一条横向推力杆以防止收获机上的横向偏移
过大。收获机推力杆的结构布局如图 2-4 和图 2-5 所示。

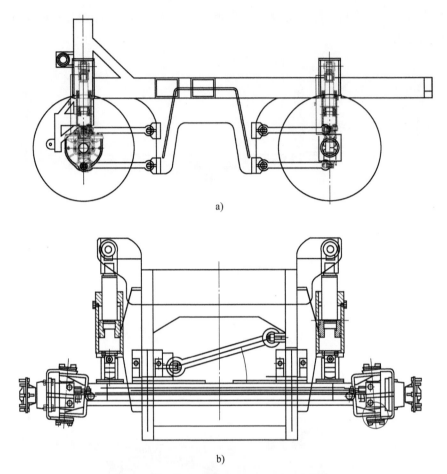

a)

b)

图 2-4 收获机纵向推力杆的结构布局

图 2-5 收获机底盘前、后桥横向推力杆的结构布局

2.3　关键零部件的选型

2.3.1　液压缸的选型

根据前文所述收获机的整体布局，收获机满载质量在 14t 左右，前桥在收获机满载时承重约 100kN，后桥在收获机满载时载重约 40kN，同时，收获机液压缸工作压力为 7~16MPa，因为收获机侧倾及调平的原因，在极限位置时，当所有重力全部集中到一个液压缸上时，假设所有重力都垂直压到单个液压缸上，根据 $pS = 16\pi r^2 = 140000N$，则收获机液压缸内径为 105mm，根据新华液压公司提供的数据，选液压缸内径为 110mm，当液压缸处于中位时，铰接中心距为 833mm。液压缸的结构及参数如图 2-6 所示，由于收获机存在前、后、左、右各方向调平，

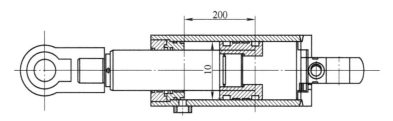

图 2-6　液压缸的结构及参数

则液压缸会存在前、后、左、右各方向偏转，所以液压缸连接头处为关节轴承，此液压缸关节轴承最大万向摆角为 13°。一旦液压缸不存在万向摆角，当收获机调平时，液压缸将无法转动，从而导致拉断连接座。液压缸连接头关节轴承的结构如图 2-7 所示。

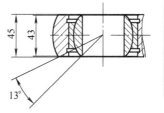

图 2-7　液压缸连接头关节轴承的结构

2.3.2　推力杆的选型

在油气悬架中，推力杆起到非常重要的作用。一般横向推力杆起到防止车身横向偏移过大而导致横向侧翻的作用，而纵向推力杆起到防止在行走过程中车桥前后移位的作用。在推力杆设计时，上下推力杆应等长。因为前桥承重最大，因此，无论收获机起动、制动、正常行驶还是调平时，都是前桥推力杆受力最大，因此，本书只考虑前桥推力杆的受力情况。收获机各零部件位置结构如图 2-8 所示。

把收获机上装分成 4 个主要部分：割台、发动机、整套脱粒清选装置、粮

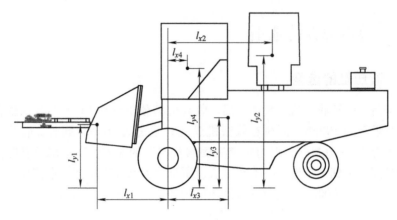

图 2-8 收获机各零部件位置结构

仓。4 个主要零部件的质心位置如图 2-8 所示，在收获机上的位置如图 2-1 所示。

根据力矩平衡方程和牛顿定理，得出如下方程

$$\begin{cases} \sum_{i=1}^{6} m_i g l_{xi} = m_1 g l_{x1} + m_2 g l_{x2} + \cdots + m_6 g l_{x6} = Mg a_x \\ \sum_{i=1}^{6} m_i g h_i = m_1 g h_1 + m_2 g h_2 + \cdots + m_6 g h_6 = Mg h_z \end{cases} \tag{2-1}$$

式中　M——整个收获机上装质量，$M = m_1 + m_2 + \cdots + m_6$；

　　　h_z——收获机上装质心距离地面 z 轴方向距离；

　　　a_x——收获机上装质心距离前桥 x 轴方向距离。

收获机各参数见表 2-1。

表 2-1 收获机参数表

名称	质量/kg	各零部件质心到前桥 x 轴方向距离/mm	各零部件质心到地面 z 轴方向距离/mm
割台及输送装置	$m_1 = 3500$	$l_{x1} = -1800$	$h_1 = 1246$
发动机	$m_2 = 250$	$l_{x2} = 2360$	$h_2 = 3291$
整套脱粒清选系统	$m_3 = 5000$	$l_{x3} = 1360$	$h_3 = 1939$
满载粮仓	$m_4 = 4000$	$l_{x4} = 485$	$h_4 = 3129$
后桥及轮胎总成	$m_5 = 250$	$l_{x5} = 3200$	$h_5 = 650$
前桥及轮胎总成	$m_6 = 500$	$l_{x6} = 0$	$h_6 = 820$

由式（2-1）求得 $a_x = 284\text{mm}$，$h_z = 2071\text{mm}$。

收获机部件和前桥推力杆受力分析如图 2-9 和图 2-10 所示。

根据力和力矩平衡方程，对整车有

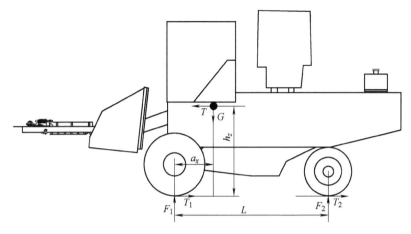

图 2-9 收获机部件受力分析

$$\begin{cases} \sum F = F_1 + F_2 - G = 0 \\ \sum M_0 = F_1 a_x - (T_1 + T_2)h_z - F_2(L - a_x) = 0 \end{cases}$$

其中，$G = 164\text{kN}$，$F_1 = F_2$，$T_1 = T_2$，$L = 3200\text{mm}$。

对前桥推力杆有

$$\begin{cases} F_A X - T_1 Y = 0 \\ F_B X - T_1(X + Y) = 0 \end{cases}$$

图 2-10 中的 $X = 0.436\text{m}$，$Y = 0.436\text{m}$，带入得：$F_A = T_1 = 52\text{kN}$，$F_B = 2F_A = 104\text{kN}$。

得到的推力杆纵向载荷最大为 88kN，因此选择山东安博机械科技

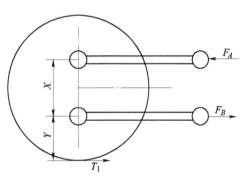

图 2-10 前桥推力杆受力分析

有限公司直径为 52mm 的推力杆，推力杆外形及尺寸如图 2-11 所示。

安装距为 800mm、750mm 两种规格，纵向采用安装距为 800mm 的推力杆，横向采用安装距为 750mm 的推力杆。推力杆最大摆角为 13°，最大摆角数据将会在 2.5 节底盘运动模拟中用到。

2.3.3 底盘其他零部件及驱动方式的选型

本书选用收获机骑四行的形式进行收获机底盘前后桥设计，则前、后桥距离为 2600mm。同时，为适应前桥大轮边减速器的需求，本书采用徐州徐轮橡胶有限公司的 28L-26（12 层）轮胎，选用青岛北海车轮有限公司的偏距为 60mm 的轮辋。收获机前桥及轮辋结构如图 2-12 所示，后桥结构如图 2-13 所示，其中前

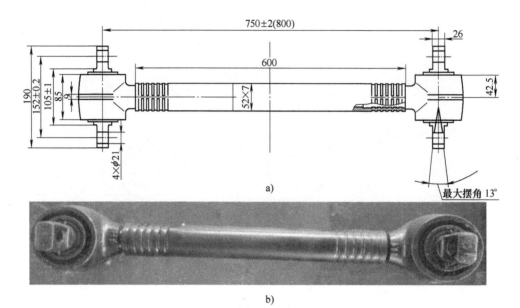

图 2-11 推力杆外形及尺寸

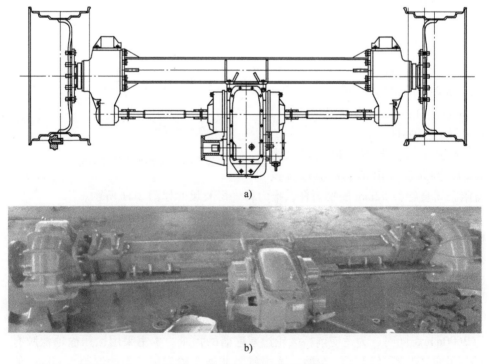

图 2-12 收获机前桥及轮辋结构

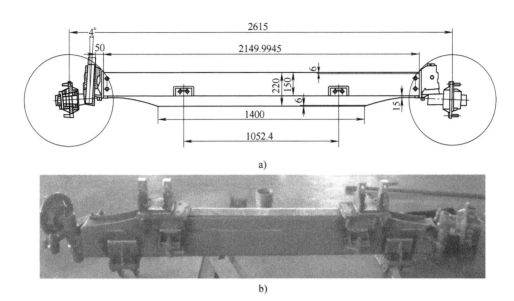

图 2-13　后桥结构简图

桥变速器各档传动比：I的为 29.3；Ⅱ的为 14.62；Ⅲ的为 7.29；Ⅳ的为 3.64；末级的为 7.727。最大爬坡能力>30%，一档速度为 0~4km/h，二档速度为 0~8km/h，三档速度为 0~25km/h。

传统收获机采用传动带从发动机向前桥传送动力，驱动前桥行走，但是，由于防侧翻系统的添加，车架和车桥的距离在不断改变，将会导致传动带偏转或松紧不断变化，使收获机无法正常行驶。因此，本书采用静液压驱动，将发动机的机械能带动液压泵转换为液压能，而液压泵输出的高压油经操纵调节装置进入装在变速器上的马达，重新将液压能转化为机械能，驱动收获机运动，整个系统通过液压油管传送高压油来传送动力，这样解决了由于收获机底盘与车桥间距不断变化而导致的传动带传动无法正常工作的难题。静液压驱动原理结构图如图 2-14所示。

因为采用静液压驱动，所以本书采用潍柴的 270 马力（1 马力=735.499W）带后取力的发动机，在取力口上安装用于悬架的液压泵，液压泵排量为 15.2ml/r，额定压力为 25MPa，额定转速为 600~2400r/min。在主输出端口，因为割台、筛箱、行走都需要单独的液压泵进行驱动，所以在发动机主输出轴上安装一个速比为 1：1 的一拖三变速器，使 3 个输出端分别连接 3 个泵。发动机输出口局部结构示意图如图 2-15 所示，一拖三变速器如图 2-16 所示。

2.3.4　双倾角传感器的选型

谷物收获机在调平过程中，要对车体倾角进行实时的采集，要对整车倾角的

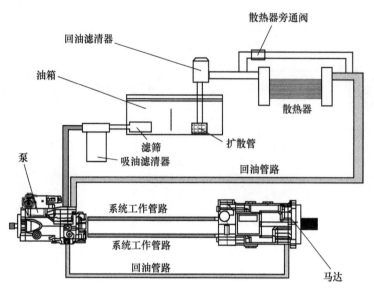

图 2-14 静液压驱动原理结构图

参数进行实时的监测。倾角传感器经常用于整机的水平测量，从工作原理上可分为"固体摆"式、"液体摆"式、"气体摆"式 3 种倾角传感器，根据收获机的实际工况，由于收获机对于车体的灵敏度较高，因此选用"液体摆"式的双倾角传感器，在实际作业的过程中，车体的整体倾角在 0°～15°，因此选用了北京瑞智永恒科技有限公司的 LE-60 双倾角传感器。

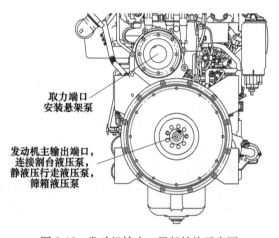

图 2-15 发动机输出口局部结构示意图

双倾角传感器的安装位置如图 2-17 所示。

双倾角传感器安装在如图 2-17 所示的车体位置上，双倾角传感器安装在前后轮毂连线的中间位置上面，当车体整体发生倾斜时，双倾角传感器会随着车体发生倾斜，能够检测到整车的倾斜角度的变化。

2.3.5　角度传感器的选型及安装

车体在作业的过程中，由于路面的浮动变化，支撑缸与车体之间的相对位置会发生实时的变化，可以通过角度传感器来实时地检测油气悬架缸与车体支架夹

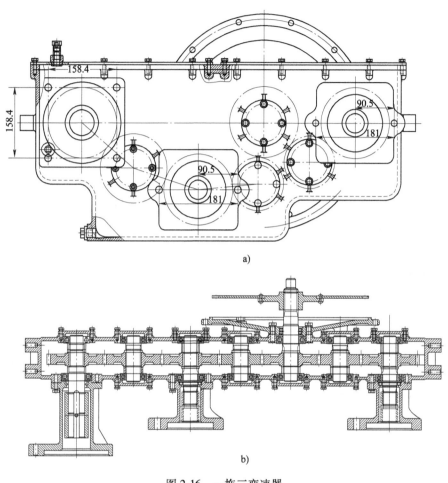

a)

b)

图 2-16　一拖三变速器

a）主视图　b）俯视图

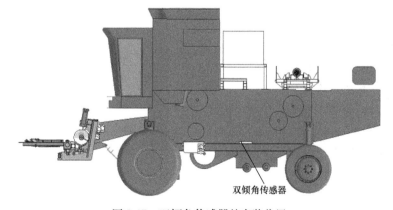

双倾角传感器

图 2-17　双倾角传感器的安装位置

角的变化。

工作原理：连接板焊接在油气悬架缸的连接座上，U形连接杆通过螺栓实现连接板的轴孔刚性连接，U形连接杆和U形连接板通过轴孔实现活性连接，U形连接板与角度传感器实现刚性配合，当车体上下振动时，油气悬架缸上下浮动，U形连接杆与U形连接板之间形成的夹角可以反映出车体与油气悬架缸之间的夹角，角度传感器的安装位置如图2-18所示。

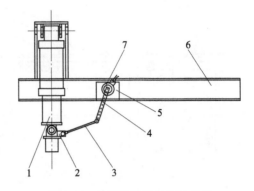

图 2-18　角度传感器的安装位置

1—油气悬架缸　2—连接板　3—U形连接杆　4—U形连接板　5—方板　6—车体　7—角度传感器

2.4　同步调平策略

目前，大型收获机的调平策略按照支撑点组个数可以分为三点调平、四点调平和六点调平3种，针对不同类型的车体，这3种调平方式的适用效果不同，需要选取适用于本机型的调平方式[2]。

2.4.1　调平原理

1. 三点调平

根据3点可以确定一个平面位置，将收获机的液压悬挂组分成3组，这3组悬挂系统可以确定一个平面，如图2-19所示。

以4YZL-9九行玉米收获机为研究对象，将车体右前侧和左前侧的两个油气悬挂系统合为一组，将右后侧和右前侧的悬挂系统分别作为一组。

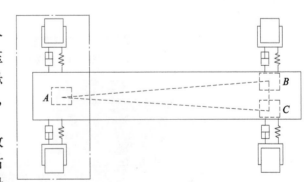

图 2-19　三点调平原理图

2. 四点调平

将收获机前轴线的左右两侧油气悬挂系统各作为一组，后轴线左右两侧悬挂系统各作为一组，如图2-20所示。

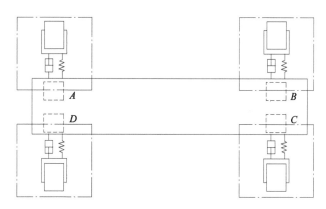

图 2-20　四点调平原理图

通过在收获机的车体与车桥之间的连接位置上分别安装 4 个角度传感器,来检测车体在左前、左后、右前、右后 4 个位置上的角度变化,通过角度-位移的转换计算,得出每个支撑缸的位移。

3. 六点调平

当车体的变形尺寸较大,三点或四点无法实现调平时,通过增加 3 个不静定位置点来实现调平,可以提高车体的抗侧倾能力,但这种调平方式容易出现"虚腿"的现象。

根据上述 3 种不同的调平方式,可以确定这几种调平方式的优缺点,见表 2-2,通过对成本、效率及安全性等因素的综合考虑,确定采用四点调平。

表 2-2　3 种调平方式的比较

调平方式	优　点	缺　点	主要适用场合
三点调平	1. 无超静定现象 2. 成本较低 3. 适合比较崎岖不平的路面	1. 载重能力差 2. 抗倾覆能力与稳定性较差	多轮式运梁车等车身比较长的车辆,路况较差的地方
四点调平	1. 载重能力高 2. 抗侧倾能力与稳定性较高	1. 成本高 2. 会出现不静定现象 3. 对路况要求较高	重型平板车、装载车、油罐运输车等
六点调平	1. 抗倾覆能力与稳定性最高 2. 不静定次数较多	1. 成本昂贵 2. 调平算法复杂 3. 路面要求最高	超大型的重载车辆,成本较高,路况较平坦

2.4.2　同步调平算法

将平台简化为平面 $ABCD$,在平面 $ABCD$ 建立平台坐标系 XYZ ,同时在水平面上建立水平坐标系 $X_0Y_0Z_0$，平面 $ABCD$ 与 X_0 轴的夹角为 η_1，与 Y_0 轴的夹角为 η_2，对平台调平可以看成平面 $ABCD$ 先绕 Y 轴旋转 η_1 角，再绕 X 轴旋转 η_2 角的旋转，如图 2-21 所示。

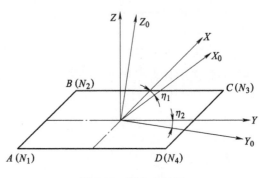

图 2-21　平台坐标系

平台上一点 (x, y, z)，当 $\eta_1 \neq 0$，$\eta_2 = 0$ 时，坐标变为：(x', y', z')，则根据坐标变换可以得

$$(x',y',z')^{\mathrm{T}} = \mathrm{rot}(Y,\eta_1)(x,y,z) = \begin{pmatrix} \cos\eta_1 & 0 & \sin\eta_1 \\ 0 & 1 & 0 \\ -\sin\eta_1 & 0 & \cos\eta_1 \end{pmatrix}(x,y,z)^{\mathrm{T}} \quad (2\text{-}2)$$

$$(x_0,y_0,z_0) = \mathrm{rot}(X,\eta_2)(x',y',z')^{\mathrm{T}} = \begin{pmatrix} 1 & 0 & 0 \\ 0 & \cos\eta_2 & \sin\eta_2 \\ 0 & -\sin\eta_2 & \cos\eta_2 \end{pmatrix}(x',y',z')^{\mathrm{T}}$$

$$(2\text{-}3)$$

将式 (2-2) 带入式 (2-3) 可以得到

$$(x_0, y_0, z_0) = \mathrm{rot}(X, \eta_2)\mathrm{rot}(Y, \eta_1)(x, y, z)$$

$$= \begin{pmatrix} \cos\eta_1 & 0 & \sin\eta_1 \\ -\sin\eta_1\sin\eta_2 & \cos\eta_1 & \cos\eta_1\sin\eta_2 \\ \sin\eta_1\cos\eta_2 & -\sin\eta_2 & \cos\eta_1\cos\eta_2 \end{pmatrix}$$

上式可以简化为

$$(x_0, y_0, z_0)^{\mathrm{T}} = \begin{pmatrix} 1 & 0 & \sin\eta_1 \\ 0 & 1 & \eta_2 \\ -\sin\eta_1 & -\eta_2 & \cos\eta_1 \end{pmatrix}(x, y, z)^{\mathrm{T}}$$

所以油气悬架缸各支点坐标在水平坐标系中的坐标 $(x_{0i}, y_{0i}, z_{0i})^{\mathrm{T}}$ 为

$$(x_{0i}, y_{0i}, z_{0i})^{\mathrm{T}} = \begin{pmatrix} 1 & 0 & 0 \\ 0 & \cos\eta_2 & -\sin\eta_1 \\ 0 & \sin\eta_2 & \cos\eta_2 \end{pmatrix}(x_i, y_i, z_i)^{\mathrm{T}}$$

在平台坐标系中，为了方便计算，令 $z_i = 0$，所以在水平坐标系中

$$z_{0i} = -\eta_1 x_i - \eta_2 y_i \quad (2\text{-}4)$$

上式是表示各支点到达水平状态的位置误差与倾角的关系。

　　本书采用四点平台调平法，如图
2-22 所示，1~4 点表示 4 个油气悬架
缸支点，中间 O 点为平台中心。

　　根据上文所述，车体在调平之前
的平台初始倾角为 η_1 和 η_2。中心点的
坐标为 (x_0, y_0, z_0)，由式（2-4）可
得，各支点与水平中心点的位置误
差为

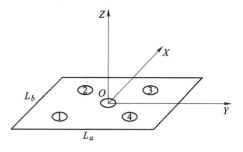

图 2-22　四点平台调平法示意图

$$e_i = z_0 - z_{0i} = \eta_1(x_i - x_0) + \eta_2(y_i - y_0)$$

　　由上面所述可以得到 4 个油气悬架缸支点 $L_i = (x_i, y_i, z_i)$ 在平台坐标系的
坐标为

$$L_1 = \left(-\frac{L_b}{2}, \ -\frac{L_a}{2}, \ 0 \right)$$

$$L_2 = \left(\frac{L_b}{2}, \ -\frac{L_a}{2}, \ 0 \right)$$

$$L_3 = \left(\frac{L_b}{2}, \ \frac{L_a}{2}, \ 0 \right)$$

$$L_4 = \left(-\frac{L_b}{2}, \ \frac{L_a}{2}, \ 0 \right)$$

则可得 4 个油气悬架缸顶端与水平中心点位置误差为

$$e_1 = z_0 - z_{01} = \eta_1(x_1 - x_0) + \eta_2(y_1 - y_0) = -\frac{L_b}{2}\sin\eta_1\cos\eta_2 - \frac{L_a}{2}\sin\eta_2$$

$$e_2 = z_0 - z_{02} = \eta_1(x_2 - x_0) + \eta_2(y_2 - y_0) = \frac{L_b}{2}\sin\eta_1\cos\eta_2 - \frac{L_a}{2}\sin\eta_2$$

$$e_3 = z_0 - z_{03} = \eta_1(x_3 - x_0) + \eta_2(y_3 - y_0) = \frac{L_b}{2}\sin\eta_1\cos\eta_2 + \frac{L_a}{2}\cos\eta_2$$

$$e_4 = z_0 - z_{04} = \eta_1(x_4 - x_0) + \eta_2(y_4 - y_0) = -\frac{L_b}{2}\sin\eta_1\cos\eta_2 + \frac{L_a}{2}\sin\eta_2$$

写成矩阵形式为

$$\begin{bmatrix} e_1 \\ e_2 \\ e_3 \\ e_4 \end{bmatrix} = \frac{1}{2}\begin{bmatrix} -L_b\sin\eta_1\cos\eta_2 - L_a\sin\eta_2 \\ L_b\sin\eta_1\cos\eta_2 - L_a\sin\eta_2 \\ L_b\sin\eta_1\cos\eta_2 + L_a\sin\eta_2 \\ -L_b\sin\eta_1\cos\eta_2 + L_a\sin\eta_2 \end{bmatrix} \qquad (2-5)$$

油气悬架缸的行程为 200mm，在实际的安装过程中油气悬架缸的初始位置处于中位，即油气悬架缸在调平过程中最大限度在中位±100mm 的范围内进行调节，因此根据极限值，将参数及 $L_a=9.4$m、$L_b=5.35$m 代入式（2-5）中可求得角度的最大调节范围：

当 $\eta_1=1°$、$\eta_2=1°$时代入式（2-5）得

$$\begin{bmatrix} e_1 \\ e_2 \\ e_3 \\ e_4 \end{bmatrix} = \begin{bmatrix} -128.7 \\ -35.3 \\ 128.7 \\ 35.3 \end{bmatrix} \text{mm} \qquad (2-6)$$

从式（2-6）可以看出，最高点为 C 点，为 128.7mm，整个最大高度差为257.4mm，此时支撑缸体的伸长距离大于油气悬架缸的行程了，本书所选择的油气悬架缸体的调节范围为±100mm，因此当侧倾角大于 1°时已经发生侧倾。

由式（2-6）可以得出最高点出现在 C 点，因此当 C 点的最大位移设为100mm 时，取 η_1 和 η_2 为相同值，根据式（2-5）可以求解出 η_1 和 η_2 的角度值，见式（2-7）。

$$\eta_1 = \eta_2 \approx 0.734° \qquad (2-7)$$

根据式（2-7）可以得出当油气悬架缸升到最高位置时，车体的侧倾角度为0.734°，在实际作业过程中应尽量避免这种情况的出现。为了下节设计调平控制系统的需要，设定自动调节的最大范围为 0.5°，当车体的倾斜角大于 0.5°的需要结合手动调平的方式来进行调节。

2.5　防侧翻收获机底盘运动模拟

2.5.1　前后调平时，液压缸及推力杆的偏转角度

当收获机爬坡或下坡时，前后倾斜严重，尤其是在收获机下坡时，由于收获机质心靠前，很容易引起前翻。因为前后调整引起的液压缸及推力杆的偏转一样，所以只讨论前侧升高，后侧降低的情形。由于前后调平，纵向推力杆都可以根据车架转动而移动，横向偏移较少，而横向推力杆在随着车架上下移动的同时，由于车架整体向后，则横向推力杆还会发生前后方向纵向偏移。下面要讨论横向推力杆纵向偏移角度是否小于推力杆的万向偏转角。

在这里，把悬架液压缸处于中位时作为开始调平的起始位，设定液压缸行程为±100mm，把前侧液压缸伸长 100mm、后侧液压缸缩回 100mm 作为调平极限位置点，整个车体倾斜角度为 3.58°。

以前桥液压缸底座为圆心，以 833mm+100mm=933mm 为半径画圆，同理，

以后桥底座为圆心，以 833mm−100mm＝733mm 为半径画圆，然后画一条倾斜 3.58°、长度为 3200mm 的直线，该直线即和前桥圆相切，又和后桥圆相切，则直线与圆的切点即为转动后液压缸与车架座的连接点。把车架、前后桥横向推力杆与车架交点、纵向推力杆与车架交点看作一个整体，把上述整体车架旋转，使前后车架与液压缸连接座中心分别于前后切点重合，重合后车架即为转动后车架位置，前后调平时，车架转动示意图如图 2-23 所示。

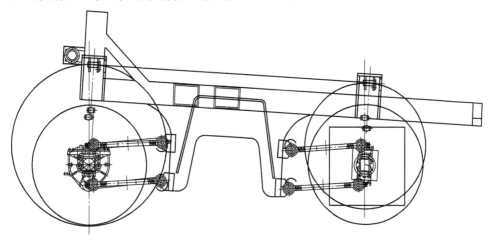

图 2-23　前后调平时车架转动示意图

此时，车身前后偏转角度为 3.58°，液压缸偏转角度为 4.28°<13°，符合条件。此时，横向推力杆纵向偏移 26.8mm，则横向推力杆纵向偏移角度为 $\alpha = \arctan \dfrac{H}{L} = \arctan \dfrac{26.8}{750} =$ 2.05°，同时偏转角度为 3.59°，而本书推力杆的万向偏转角度单侧为 6.5°，符合条件。推力杆连接头的偏转位置如图 2-24 所示。

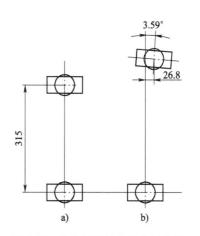

图 2-24　推力杆连接头的偏转位置
a）静止状态下连接头重合
b）调平状态下的连接头状态

2.5.2　左右调平时，液压缸及推力杆的偏转角度

1. 车架左高右低时，车体调平

当收获机走斜坡或转弯时，由于收获机质心偏移而导致侧翻。这需要收获机进行横向调平。当悬架进行横向调平时，由于横向推力杆随着车架转动，很少发生纵向偏移，但纵向推力杆除了随着车身

上下转动外，还会发生横向偏移。下面要讨论在进行左右调平时，纵向推力杆横向偏移角度是否小于推力杆的万向偏转角。

当右侧液压缸缩短 100mm，左侧液压缸伸长 100mm 时，分析纵向推力杆的横向偏移。以后桥为例，以右侧车桥底座中心为圆心，以 833mm - 100mm = 733mm 为半径画圆，以左侧车桥底座为圆心，以 833mm+100mm = 933mm 为半径画圆，同时以横向推力杆在车桥上的底座为圆心，以横向推力杆的长度 750mm 为半径画圆。连接车架上左耳圆心、右耳圆心、横向推力杆连接座，画三角形，转动三角形，使横向推力杆连接座圆心在横向推力杆圆上转动，它的对边相切于两个圆时的位置为车架转动位置，转动示意图如图 2-25 所示。

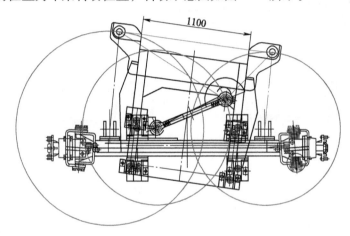

图 2-25　左伸、右缩时车架转动示意图

此时偏转角度如图 2-26 所示，车身偏转 7.35°，而液压缸偏转 7°<13°，符合条件。右下侧纵向推力杆的横向偏移量最大，为 77.59mm，$\alpha = \arctan \dfrac{H}{L} = \arctan$ $\dfrac{77.59}{800} = 5.5° < 6.5°$，符合推力杆偏转角度要求。

2. 车架右高左低时，车体调平

由于横向推力杆不是左右对称的，所以左右调平时，两种情况都要考虑。当右侧伸长 100mm、左侧缩短 100mm 时，调平运动作图方法和左高右低时相同。右伸左缩时车架转动示意图如图 2-27 所示。

转动结束，车身偏转角度为 5.27°，液压偏转角度为 5.21°<13°，符合条件，纵向推力杆横向偏移如图 2-28 所示，纵向推力杆横向偏移量为 41.38mm，$\alpha = \arctan \dfrac{H}{L} = \arctan \dfrac{41.38}{800} = 2.98° < 6.5°$，符合推力杆偏转角度要求。

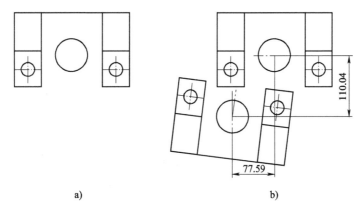

图 2-26　左右调平时纵向推力杆移动位置

a）静止状态下连接头重合　b）调平状态下的连接头位置

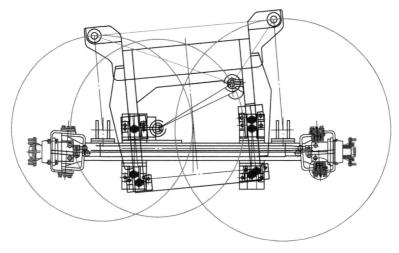

图 2-27　右伸左缩时车架转动示意图

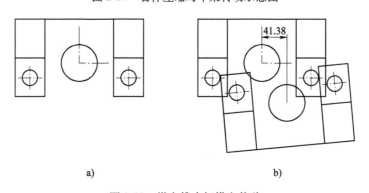

图 2-28　纵向推力杆横向偏移

a）静止状态下连接头重合　b）调平状态下的连接头位置

2.6 收获机防侧翻仿真分析

项目组采用 ADAMS（机械系统动力学自动分析）对基于油气悬架的防侧翻系统进行动力学仿真，采用 SolidWorks 建立整个收获机转配模型，然后导入 Adams-View 中，对各个零部件添加材料、运动副、驱动及接触[3]。整车虚拟样机模型如图 2-29 所示。

在众多侧倾稳定性的评定指标中，车身侧向加速度和车身侧倾角较为容易实现，但预警性能较差，这里我们引入横向载荷转移率表示左右车轮垂直载荷的变化，采用左右两侧车轮垂直载荷之差与左右两侧车轮垂直载荷之和的比值来表示，见式（2-8）。

$$LTR = \frac{F_{ZR} - F_{ZL}}{F_{ZR} + F_{ZL}} \tag{2-8}$$

式中　LTR ——横向载荷转移率；

　　　F_{ZR} ——右侧车轮垂直载荷；

　　　F_{ZL} ——左侧车轮垂直载荷。

当收获机静止或直线行驶时，左侧车轮垂直载荷和右侧车轮垂直载荷相等，此时 $LTR = 0$；当收获机转弯或处在一侧高一侧低的路况时，车轮垂直载荷集中到一侧，当处于侧翻时，一侧车轮垂直载荷为 0，则 $LTR = 1$。

在 ADAMS 仿真过程中，为模拟实际工况的倾斜角度，建立了可以水平翻转的侧倾试验平台模型，如图 2-29 所示。在试验台的一侧添加旋转副，并保证旋转副的轴线和试验台的边线重合，使试验台可以绕其侧边旋转；使试验台以一定的角速度匀速翻转，这里我们添加侧倾平台的旋转驱动规律为 2.0d * time，在保证收获机在不受其他外力影响的情况下倾斜至侧翻，将此时测的侧倾平台的角度

图 2-29　整车虚拟样机模型

作为最大侧倾稳定角。需要注意的是,为防止收获机在侧倾平台上滑动,我们在设置收获机 4 个车轮与试验平台接触时,摩擦力采用库仑法,并设定其静态系数为 2,增大摩擦力,防止其侧滑。最后我们通过测量 4 个车轮与侧倾平台的接触力来测量收获机的侧翻时间,最后求出收获机的侧倾角。

以上是对传统收获机的仿真过程,在对基于油气悬架的收获机的抗侧翻能力的仿真过程中,在侧倾试验平台翻转的过程中,我们对油气悬架提供驱动,当数字双倾角仪测量出收获机侧倾角度时,驱动右侧高处悬架液压缸收缩,左侧低处悬架液压缸伸长,来调整收获机质心,使整个收获机处于稳定。我们通过设定悬架液压缸的伸缩长度可以从根本上解决收获机容易侧翻的问题。设定收获机从中位各伸缩 100mm,来检验它的抗侧翻性能。

图 2-30 所示为传统收获机在侧倾平台上右侧高处前轮和后轮的接触力的变化情况,图 2-31 所示为采用油气悬架自动调节车身平衡后右侧高处前轮和后轮的接触力的变化情况。

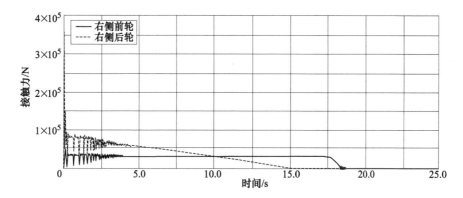

图 2-30　传统收获机右侧高处前、后轮的接触力的变化情况

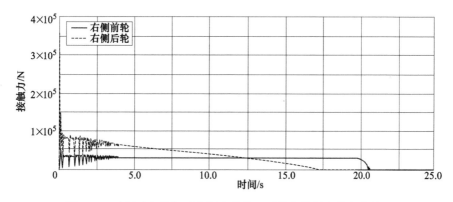

图 2-31　采用油气悬架后右侧高处前、后轮的接触力的变化情况

图中虚线代表右侧后轮的接触力，实线代表右侧前轮的接触力，从图 2-30 和图 2-31 可以看出，收获机右侧后轮先离开侧倾平台。从图 2-30 可以看出，在 10s 时即传统收获机在侧倾平台转角为 30°时，右侧后轮与侧倾平台接触力趋近 0.0，右侧后轮离开侧倾平台，处于侧翻危险状态；而从图 2-31 可以看出，在油气悬架的调整之下，在 12s 侧倾平台转角为 35°时，右侧后轮与侧倾平台接触力才趋近 0.0，右侧后轮才开始离开侧倾平台，处于侧翻危险状态，从而得出油气悬架可以通过液压缸伸缩来调整车身平衡，提高收获机的抗侧翻性能。

2.7 收获机爬坡/下坡仿真

2.7.1 收获机爬坡侧翻性能仿真

在对传统收获机及基于油气悬架的收获机的爬坡抗侧翻能力的仿真过程中，图 2-32 所示为传统收获机在侧倾平台上各车轮的接触力的变化情况，图 2-33 为采用油气悬架自动调节车身平衡后各车轮的接触力的变化情况。图中灰色实线代表顺着收获机前进方向看左侧前轮接触力，黑色虚线代表顺着收获机前进方向看左侧后轮接触力，灰色虚线代表顺着收获机前进方向看右侧前轮接触力，黑色点画线代表顺着收获机前进方向看右侧后轮接触力。

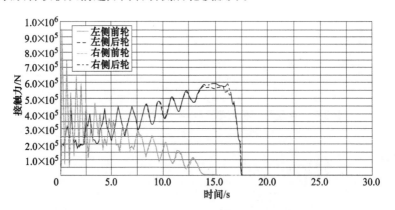

图 2-32　传统收获机在侧倾平台上各车轮的接触力的变化情况

从图 2-32 和图 2-33 可以看出，传统收获机在 14.25s，即侧倾平台转到 28.5° 时，两侧前轮与侧倾平台的接触力趋近 0.0，两侧前轮离开侧倾平台，开始侧翻；而采用油气悬架的收获机在 16.75s，即旋转平台转到 33.5°时，两侧前轮与侧倾平台的接触力才趋近 0.0，两侧前轮才开始离开侧倾平台。证明油气悬架在收获机爬坡时通过改变车身姿态，大大提高了收获机的侧翻稳定性。

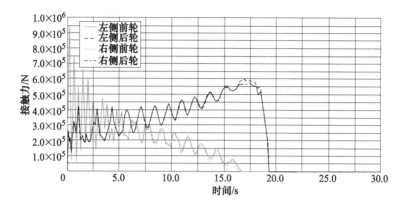

图 2-33　采用油气悬架自动调节车身平衡后各车轮的接触力的变化情况

2.7.2　收获机下坡侧翻性能仿真

图 2-34 所示为传统收获机在下坡时侧倾平台上各车轮的接触力的变化情况，图 2-35 所示为采用油气悬架自动调节车身平衡后收获机下坡时各车轮的接触力的变化情况。在图 2-34 所示和图 2-35 中，4 种线代表的接触力和爬坡时一样。

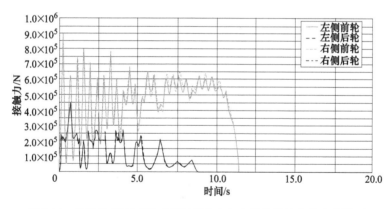

图 2-34　传统收获机下坡时侧倾平台上各车轮的接触力的变化情况

从图 2-34 和图 2-35 可以看出，传统收获机下坡时，在 8s，即侧倾平台转到 16°时，两侧后轮与侧倾平台的接触力趋近 0.0，两侧后轮离开旋转平台，开始侧翻；而采用油气悬架的收获机下坡时在 10s 左右，即旋转平台转到 20°时，两侧后轮才开始离开侧倾平台。下坡时的侧翻倾角小于上坡时的，是由于收获机发动机、粮箱、割台等都集中在前侧导致质心靠前，在以后的研究中，对这个问题还需进一步优化，尽量把发动机与粮箱向后安装。

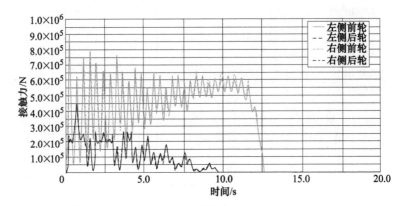

图 2-35　采用油气悬架自动调节车身平衡后下坡时各车轮的接触力的变化情况

第 3 章　脱粒清选系统

基于谷物的脱粒清选结构都大致相同，所以在本章中以玉米的脱粒清选为例，整体介绍脱粒清选装置的分类和结构、脱粒清选结构的仿真分析，以及脱粒清选自动监控装置。

3.1　脱粒清选装置的分类和结构

脱粒清选装置是谷物联合收获机最为重要的工作部件，是脱粒机械和联合收获机上的核心工作部件。脱粒清选装置的工作指标直接影响联合收获机整机的性能，脱粒清选装置工作性能的优劣对其他辅助工作部件的影响是很大的，在很大程度上决定了整个系统的工作质量和生产率。脱粒清选装置主要用来进行谷物的脱粒，由于谷物的脱粒方式是根据谷物的脱粒特性来确定的，因此，不同的脱粒特性决定了所用的脱粒装置也不同。玉米籽粒脱粒装置按照脱粒滚筒的数目分为单滚筒脱粒装置和双滚筒脱粒装置，按照脱粒方式分为切流滚筒脱粒装置和纵轴流滚筒脱粒装置。

3.1.1　切流纹杆滚筒脱粒装置

切流纹杆滚筒脱粒装置一般由纹杆滚筒、栅格状凹板、间隙调节装置等组成。工作时，谷物进入脱粒装置即受到纹杆多次冲击，多数籽粒在凹板前端被脱下。随着脱粒间隙逐渐变小，以及靠近凹板表面的谷物运动较慢而靠近纹杆的谷物运动较快等原因，谷物受到的揉搓作用越来越强，呈现起伏状态向出口移动，同时产生高频振动，脱下其余的籽粒。概括来说，在脱粒过程中前半部分以冲击为主，后半部分以揉搓为主，80%左右的籽粒可从凹板筛孔中分离出来，其余籽粒夹杂在茎秆中，从出口间隙抛出。切流纹杆滚筒脱粒装置的工作过程如图 3-1 所示，切流滚筒脱粒装置的结构如图 3-2 所示。

切流纹杆滚筒脱粒装置的特点为：以搓擦脱粒为主、冲击为辅，脱粒能力和分离能力强，断稿率小，有利于后续加工处理，对多种作物有较强的适应能力，特别适用于小麦收获，多用于联合收获机上。但当喂入不均匀、谷物湿度大时，脱粒质量明显下降。

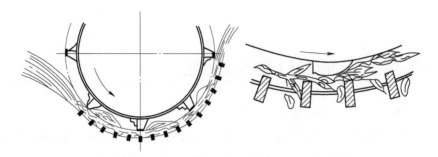

图 3-1 切流纹杆滚筒脱粒装置的工作过程

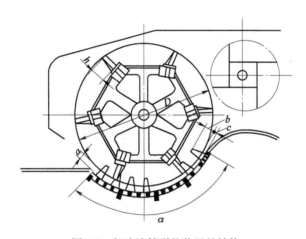

图 3-2 切流滚筒脱粒装置的结构

a—入口间隙 *b*—重合度 *c*—出口间隙 *D*—滚筒直径 *h*—纹杆高度 *α*—凹板筛弧度

3.1.2 纵轴流滚筒脱粒装置

图 3-3 所示为纵轴流滚筒脱粒装置,由滚筒喂入头、脱粒滚筒(见图 3-4)、格栅凹板(见图 3-5)和导向盖板等组成。滚筒喂入头的主要作用是抓取和推送物料,凹板喂入段由锥形导向器和凹板前段底板组成,为纵轴流脱粒装置的特有部件,主要作用是保证物料喂入的通畅。工作时,作物进入脱粒室,前端喂入头起抓取导向作用。被脱粒滚筒脱下的谷粒、颖壳、碎秸及碎叶等混合物在脱粒滚筒盖板上导向条的导向作用下,随着滚筒旋转,沿着凹板与盖板组成的圆筒内弧面做螺旋运动,并在离心力的作用下通过凹板筛孔进入清选装置,秸草则从滚筒的末端排出。脱粒滚筒头的结构形式影响脱粒装置的工作性能,常见的有螺旋式、锯齿板式、杆齿式。

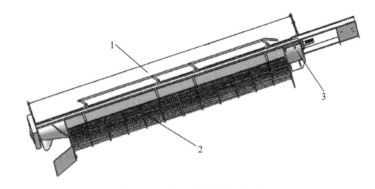

图 3-3　纵轴流滚筒脱粒装置

1—导向盖板　2—格栅凹板　3—脱粒滚筒

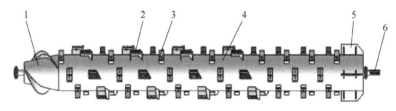

图 3-4　脱粒滚筒

1—喂入器　2—脱粒纹杆　3—分离齿钉　4—滚筒壁　5—排草板　6—转动轴

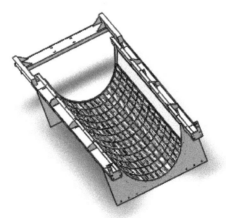

图 3-5　格栅凹板

3.2　脱粒清选结构的仿真分析

3.2.1　脱粒仿真过程的参数优化

在脱粒过程为了减小计算量，将玉米穗的喂入量设为 4 穗/s，总数量为 6

穗；将玉米籽粒设为 1840 粒/s，总数量为 2760 粒；将仿真总时间设为 2s。在仿真玉米脱粒过程中忽略玉米秸秆等杂余物，假设是在理想条件下。脱粒滚筒的角速度设为 3000°/s，脱粒间隙为 45mm。

图 3-6 所示为玉米籽粒脱粒仿真过程。在图 3-6a 中玉米穗刚被喂入器喂入到玉米籽粒脱粒室中，此时还没有发生脱粒，随着时间的增加，脱粒滚筒开始作用于玉米穗，在图 3-6b 中有少部分玉米脱出物开始从格栅凹板中落下。在图 3-6c 中有更多的玉米穗喂入玉米脱粒室，有更多的玉米脱出物透过格栅凹板从脱粒室中落下，同时会看到玉米脱出物主要从脱粒装置的前端落下，只有少数的玉米脱出物会从中间及后端落下。最后玉米芯会被排草板排出去。

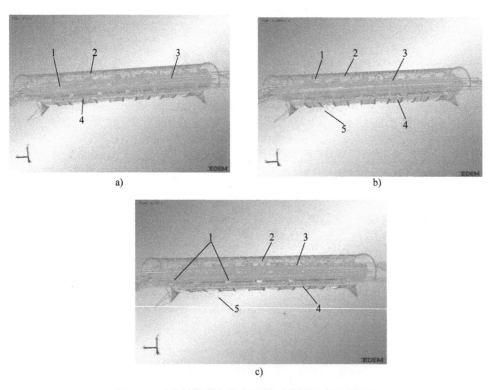

图 3-6　玉米籽粒脱粒仿真过程（彩图见书后插页）

a）$t=0.3s$　b）$t=0.52s$　c）$t=1.22s$

1—玉米穗　2—导向盖板　3—脱粒滚筒　4—格栅凹板　5—玉米脱出物

脱净率在脱粒过程中受到诸多因素的影响，包括玉米穗含水率、钉齿的形状、脱粒间隙、玉米穗的尺寸等。对玉米籽粒脱粒装置有重要影响的 3 个参数为脱粒滚筒的转速、喂入量和脱粒间隙。采用正交试验 L9（34）对脱粒滚筒的转速、喂入量和脱粒间隙进行分析，正交试验中 3 个因素的 3 个水平见表 3-1。

表 3-1　正交试验中 3 个因素的 3 个水平

水平	滚筒转速/（r/min）	脱粒间隙/mm	喂入量/（穗/s）
1	450	35	5
2	550	45	15
3	650	55	25

对得到的仿真模拟结果进行分析计算，得到各组的脱净率数据，见表 3-2。

表 3-2　正交试验的脱净率数据

试验号	脱粒间隙/mm	滚筒转速/（r/min）	喂入量/（穗/s）	脱净率（%）
1	35	450	5	86.0
2	35	550	15	92.9
3	35	650	25	95.8
4	45	450	25	91.8
5	45	550	5	93.7
6	45	650	15	94.2
7	55	450	15	89.7
8	55	550	25	94.7
9	55	650	5	95.2

采用极差法对正交试验结果进行分析，得到表 3-3。

表 3-3　正交试验结果分析

因素	脱粒间隙/mm	滚筒转速/（r/min）	喂入量/（穗/s）
水平 1（T_{1j}）	2.747	2.675	2.749
水平 2（T_{2j}）	2.797	2.813	2.783
水平 3（T_{3j}）	2.796	2.852	2.808
极差值（R_j）	0.050	0.177	0.059

极差较大的因素水平的改变对试验结果的影响也较大，由表 3-3 中各因素极差值的大小排出的 3 个因素对脱净率影响的顺序如下：

滚筒转速>喂入量>脱粒间隙

所以，滚筒转速对玉米籽粒脱粒效果的影响最大。同时，由 3 个水平对结果的贡献的大小可获得最优参数组合：滚筒转速为 650r/min、喂入量为 25 穗/s、脱粒间隙为 45mm，此时脱净率最佳。

3.2.2 清选仿真过程的参数优化

分析玉米脱出物在清选装置中的运动情况，这里选择清选筛的振动频率为 5Hz，其 X 轴方向振幅为 100mm，Y 轴方向振幅为 10mm，清选筛的振动方向角为 35°。玉米脱出物在 $t=0s$ 时还没开始从脱粒装置中落下，在时间 $t=0.02s$ 时，玉米脱出物刚开始出现在我们的视线中，图 3-7 为不同时刻玉米脱出物的运动状况。

由图 3-7a 可以看到玉米脱出物首先落到清选装置中的波浪筛上，在波浪筛的带动下，向后移落入鱼鳞筛，进行筛选。由图 3-7b 可以看到，随着鱼鳞筛的振动，大部分玉米脱出物向后移，落入圆孔筛，同时有部分玉米脱出物直接发生透筛。由图 3-7c 可以看到随着时间的增加，波浪筛和鱼鳞筛上的物料逐渐减少，到图 3-7d 时，波浪筛和鱼鳞筛上已经没有物料，并且通过对比图 3-7d 和 e 可以发现物料的状态相同（都处在圆孔筛和尾筛之间），且物料的量也近乎相同，由此可知清选装置在 6s 之后，物料透筛的效率很低。

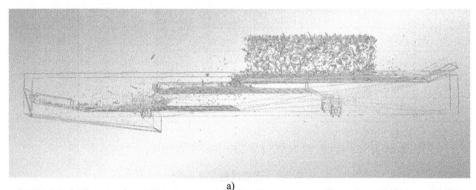

a)

b)

图 3-7 不同时刻玉米脱出物的运动状况

a) $t=1s$ b) $t=3s$

c)

d)

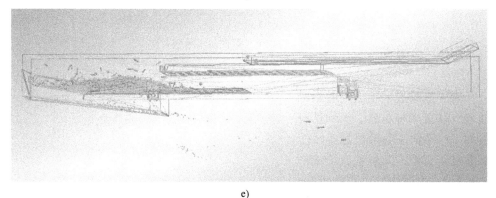

e)

图 3-7　不同时刻玉米脱出物的运动状况（续）

c）$t=4s$　d）$t=6s$　e）$t=10s$

为了分别研究玉米脱出物中各成分的运动情况，在 EDEM 软件中分别对玉米脱出物中的玉米籽粒、玉米芯和玉米秸秆进行着色，如图 3-8 所示。用红色、蓝色、绿色、深绿色、黑色、黄色、粉红色分别代表玉米籽粒，35mm、45mm 和 55mm 玉米秸秆，小长方体形玉米芯、中长方体形玉米芯和大长方体形玉米芯。结果发现：玉米脱出物落在波浪筛上，随着清选筛的振动，玉米脱出物向后面的鱼鳞筛移动，其中有很少部分玉米籽粒通过波浪筛和鱼鳞筛之间的空隙落入玉米籽粒收纳箱，但是这个部分很少，可以忽略不计；同时也有少部分玉米籽粒和三维尺寸小于鱼鳞筛孔的杂余物发生透筛，三维尺寸较大的杂余物就被留在筛面上，这一过程完成第一次筛选，其中在此过程中发生透筛的物料有一小部分直接落入玉米籽粒收纳箱，另外大部分物料落到圆孔筛，进行二次筛选；由于玉米籽粒尺寸小于圆孔筛的筛孔，落入圆孔筛的玉米籽粒很快发生透筛，落入玉米籽粒收纳箱，而其他杂余物被留在清选筛面上，通过后续处理排出清选装置，完成整个清选过程。由图 3-8a 可以看出 $t = 5.12\mathrm{s}$ 时，大部分玉米籽粒从圆孔筛筛出，同时伴随有少数的杂余物；由图 3-8b 可以看出当仿真进行到 $t = 9.0001\mathrm{s}$，即接近于结束时，清选筛面上剩余物几乎都是玉米秸秆和玉米芯。

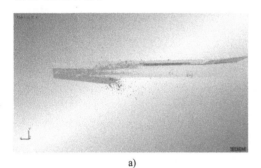
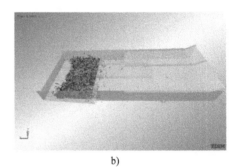

a)   b)

图 3-8　脱出物着色（彩图见书后插页）
a）筛分过程的玉米脱出物运动情况　b）最后剩余脱出物的情况

　　为了追踪玉米脱出物的运动轨迹，从玉米籽粒群、玉米秸秆群和玉米芯群中各随机选择一个颗粒进行查看，其运动轨迹如图 3-9 所示。由图中红色曲线可知，大部分玉米籽粒透过鱼鳞筛落到圆孔筛，最后透过圆孔筛被玉米籽粒收纳箱收集，少部分玉米籽粒在清选筛振动时发生迸溅被排出筛壁外，造成玉米籽粒损失。由蓝色曲线和黑色曲线可知，大

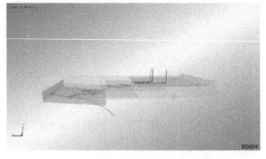

图 3-9　玉米脱出物中各种成分的
运动轨迹（彩图见书后插页）
红色—玉米籽粒　蓝色—玉米秸秆　黑色—玉米芯

部分玉米秸秆和玉米芯通过鱼鳞筛向后推移，最后落入圆孔筛，但圆孔筛的尺寸不利于玉米秸秆和玉米芯的透筛，最后被留在圆孔筛面上。

影响清选效率的因素有：振动频率、方向角、振幅、风机转速、导风板的安装倾角、风机入射倾角、所选筛面的孔径大小、鱼鳞筛的开度等，项目组对振动频率和振幅这两个影响清选装置工作性能的主要参数进行优化。设计单因素条件下的数值模拟试验，表 3-4 所示为玉米籽粒在清选筛上筛分过程的仿真分析试验设计。其中，各参数的取值均在常用的取值范围内。各个单因素参数均具有 3 个水平，并且在一定的条件下进行仿真模拟试验。

表 3-4 筛分过程的仿真分析试验设计

因素	水　　平			条　　件	
频率 f	3Hz	4Hz	5Hz	$\alpha=35°$	$A=100.5\text{mm}$
方向角 α	25°	355°	45°	$f=4\text{Hz}$	$A=100.5\text{mm}$
振幅 A	99.41mm	100.50mm	110.55mm	$f=4\text{Hz}$	$\alpha=35°$

1. 对振动频率的优化

在对振动频率研究时采用单因素试验，即保持振幅和方向角不变，对频率为 3Hz、4Hz 和 5Hz 三个水平进行试验。这里设置当振幅 $X=100\text{mm}$、$Y=10\text{mm}$，方向角 $\alpha=35°$，频率分别为 3Hz、4Hz 和 5Hz 时，对 Grid Bin Group（网格箱组）输出的数据见表 3-5、表 3-6 和表 3-7。

表 3-5 3Hz 时对 Grid Bin Group 输出的数据　　　（单位：kg）

时间/s	m_1	m_2	m_3
1	0.00166143	2.19342	0.00166143
2	0.0144544	4.35128	0.0144544
3	0.0614729	4.23515	0.0616695
4	0.183256	4.03644	0.183452
5	0.327302	3.75849	0.327751
6	0.490454	3.44165	0.490903
7	0.665569	3.11967	0.667114
8	0.840517	2.79751	0.842764
9	1.01181	2.49065	1.01501
10	1.17629	2.20405	1.18142

表 3-6 4Hz 时对 Grid Bin Group 输出的数据　　　（单位：kg）

时间/s	m_1	m_2	m_3
1	0.00149529	2.19043	0.00149529
2	0.0194387	4.3556	0.0194387
3	0.0727706	4.26506	0.0729672

（续）

时间/s	m_1	m_2	m_3
4	0.138563	4.1137	0.139535
5	0.19987	3.97248	0.202262
6	0.269484	3.83308	0.272972
7	0.348568	3.69602	0.355177
8	0.419012	3.54532	0.426184
9	0.48115	3.41042	0.489417
10	0.533485	3.2996	0.542257

表 3-7　5Hz 时对 Grid Bin Group 输出的数据　　　（单位：kg）

时间/s	m_1	m_2	m_3
1	0.000664572	2.18744	0.000664572
2	0.0275797	4.34065	0.027973
3	0.105501	4.18315	0.112507
4	0.158334	4.01667	0.171355
5	0.187409	3.91549	0.203941
6	0.220472	3.85219	0.240391
7	0.247221	3.77743	0.269303
8	0.273305	3.72177	0.296736
9	0.295901	3.66245	0.320278
10	0.314841	3.6161	0.340566

由表 3-5、表 3-6 和表 3-7 可知，在仿真开始的 1~2s 内，筛分还未达到稳定状态，此时，几乎没有物料被筛出，这个阶段不能够精确地计算出玉米籽粒的清洁率和损失率，所以为了计算较精确，选择时间段为 3~10s 来分析各个频率下收集的玉米籽粒的清洁率和损失率。

各个频率下收集的玉米籽粒的清洁率和损失率见表 3-8 和表 3-9。

表 3-8　各个频率下收集的玉米籽粒的清洁率

时间/s	3Hz	4Hz	5Hz
3	99.68%	99.73%	93.33%
4	99.89%	99.30%	92.40%
5	99.86%	98.82%	91.89%
6	99.91%	98.72%	91.71%
7	99.77%	98.14%	91.80%
8	99.73%	98.32%	92.10%
9	99.68%	98.31%	92.39%
10	99.57%	98.38%	92.45%
平均值	99.82%	98.94%	92.23%

表 3-9 各个频率下收集的玉米籽粒的损失率

时间/s	3Hz	4Hz	5Hz
3	0.235%	0.141%	0.253%
4	0.410%	0.336%	0.511%
5	0.714%	0.517%	0.675%
6	1.063%	0.676%	0.744%
7	1.397%	0.808%	0.853%
8	1.732%	0.99%	0.920%
9	2.04%	1.156%	1.003%
10	2.317%	1.288%	1.066%

由此可得不同频率在 3~10s 内的清洁率和损失率的变化，如图 3-10 和图 3-11 所示。由图可知，随着清选筛振动频率的降低，玉米清洁率增加。当频率为 3Hz 和 4Hz 时，玉米籽粒的清洁率明显比频率为 5Hz 的清洁率要高很多，但随着清选筛振动频率的降低，玉米籽粒的损失率同时也增加，当频率为 3Hz 时，玉米籽粒的损失率明显要高于频率为 4Hz 和 5Hz 的损失。综上所述，既要提高清洁率，同时要保证较低的损失率，则最佳振动频率选为 4Hz。

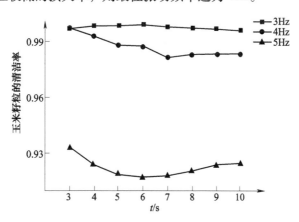

图 3-10 不同频率下各时刻玉米籽粒的清洁率

2. 对振幅的优化

振幅是玉米籽粒清选过程中最后一个重要的过程参数，所以对振幅的分析也是十分必要的。在单因素条件下，振幅选择 99.41mm、100.50mm、110.55mm 3 个水平。试验时选择较为合适的同一个时间段，在该时间段中利用 Grid Bin Group 输出 n 组数，各个振幅下收集的玉米籽粒清洁率和损失率见表 3-10 和表 3-11。

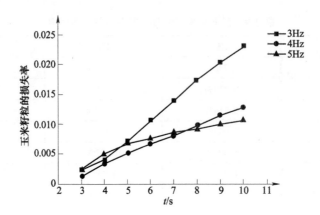

图 3-11 不同频率下各时刻玉米籽粒的损失率

表 3-10 各个振幅下收集的玉米籽粒的清洁率

时间/s	99.41mm	100.50mm	110.55mm
3	99.27%	99.73%	94.87%
4	99.36%	99.30%	93.54%
5	99.47%	98.82%	94.40%
6	99.53%	98.72%	94.77%
7	99.39%	98.14%	95.52%
8	99.07%	98.32%	95.59%
9	98.89%	98.31%	96.25%
10	99.02%	98.38%	96.44%
平均值	99.25%	98.94%	95.17%

表 3-11 各个振幅下收集的玉米籽粒的损失率

时间/s	99.41mm	100.50mm	110.55mm
3	0.144%	0.141%	0.220%
4	0.293%	0.336%	0.422%
5	0.480%	0.517%	0.573%
6	0.699%	0.676%	0.750%
7	0.879%	0.808%	0.893%
8	1.045%	0.99%	1.040%
9	1.195%	1.156%	1.157%
10	1.358%	1.288%	1.287%

　　由此可得不同振幅在 3~10s 下的清洁率和损失率的变化，如图 3-12 和图 3-13
所示。由图可知，清洁率随着清选筛振幅的减小而增大，振幅为 99.41mm 时，
玉米籽粒的清洁率最高。在 3~10s 时，玉米籽粒的损失率随着振幅的增加而增
大，但总体上看损失率在振幅的影响下，没有太大变化。综上所述，既要提高清
洁率，同时要保证较低的损失率，则最佳振幅为 99.41mm。

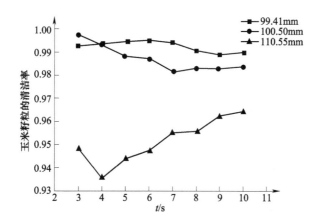

图 3-12　不同振幅下各时刻玉米籽粒的清洁率

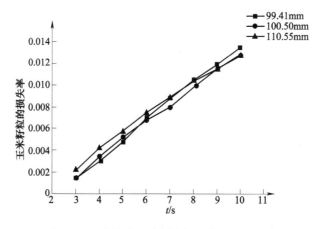

图 3-13　不同振幅下各时刻玉米籽粒的损失率

3.3　脱粒清选自动监控装置

3.3.1　籽粒含水率检测

　　在玉米籽粒含水率检测中，完全干燥的籽粒介电常数一般为 2~3，而水的介

电常数高达81.5，因此相同数量玉米籽粒的电容大小主要取决于籽粒含水率的高低。试验表明，电容量随着籽粒含水率的增加而增加，并且基本上呈线性关系，基于此特点，选用电容式水分传感器对玉米籽粒含水率进行检测，此传感器靠差分电压信号来反映玉米籽粒含水率，等效电路图如图3-14所示。

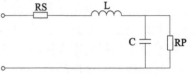

图 3-14　电容式水分传感器的等效电路图

　　检测籽粒含水率时，结果受温度的影响很大，因此要检测温度，进行温度补偿

$$籽粒含水率 = CX + O[(80 - T)/20]$$

式中　X——传感器输出的差分电压；

　　　　C——玉米籽粒的标定因素；

　　　　O——偏差量；

　　　　T——检测时的温度。

　　选用的电容式水分传感器为星仪 CSF11-60-A1-A-G 型水分传感器，带有温度补偿，12V 直流电源供电，可测量水分量程为 0%~60%，精度±2%，温度量程为 0~50℃，温度精度±0.5℃，响应速度快，能 1s 内进入稳态过程，模拟量输出为 4~20mA，可直接与 PLC 模拟量输入单元 CJ1W-AD081-V1 相连，无须再进行信号转换，使用方便，且采用截频干扰设计，抗干扰能力强，适应田间恶劣且多变的环境。接线图如图 3-15 所示。

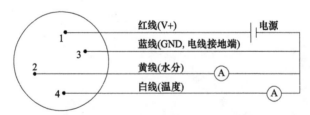

图 3-15　电容式水分传感器的接线图

　　水分传感器的布置非常关键，既不能影响收获机的正常作业效率，又不能因布置不合适而影响检测精度，甚至造成传感器损坏。在分析玉米联合收获机作业过程和机械结构的基础上，确定了水分传感器的布置方案，如图 3-16 所示。在收获机的籽粒升运器连接头上开一取样口，设计一个通过绕连接轴转动可实现取样口开合的活动挡板，将电容式水分传感器通过螺母固定在活动挡板上，关闭活动挡板，玉米籽粒在升运至粮仓的过程中，便可进行籽粒含水率检测。

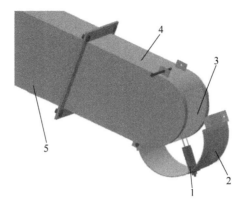

图 3-16 含水率检测装置中水分传感器的布置方案
1—电容式水分传感器 2—活动挡板 3—取样口 4—升运器连接头 5—籽粒升运器

3.3.2 关键转速检测及调节

玉米联合收获机脱粒清选工作过程中的关键转速有收获机行走速度、脱粒滚筒转速、风机转速和清选筛箱驱动转速。收获机行走速度决定喂入量,脱粒滚筒转速决定脱粒和分离质量,风机转速和清选筛箱驱动转速决定清选质量,对它们进行检测和调节,使它们始终处于预设范围内,对于保证脱粒清选效果和收获机作业性能是十分必要的。

本书选用开关型霍尔传感器检测各转速,霍尔传感器由霍尔开关集成电路和磁钢片组成。在检测过程中,将磁钢片固定在旋转部件的转动轴上,将霍尔开关固定在对着磁钢片的机座上,并调整好霍尔开关与磁钢片的距离,既不阻碍转动也不会漏检信号。每当转动轴旋转一圈,霍尔开关检测到磁钢片时便产生一个脉冲信号,从而根据产生的脉冲个数来确定转速。霍尔传感器具有非接触式检测、精度高、使用寿命长、可靠性高的特点,同时它是数字量输出,无须再进行信号转换,方便控制器的信号采集,价格相对较低,安装较为方便,对在复杂田间环境中作业的收获机是十分适用的。检测方法选择测频法,原理为根据测得脉冲的频率来计算转速,方法简单且相对误差较小。检测原理如图3-17 所示。

霍尔传感器使用方便,而且拥有良好的工作稳定性,能适应恶劣且多变的田间作业环境。实践经验表明,如果在旋转轴上只安装有一个磁钢片,霍尔开关在检测脉冲信号时容易出现漏检的现象,经信号处理转换为转速显示时会造成较大误差,为提高检测精度,设计了一种由霍尔传感器和测速轴套组成的装置,即设计一个在周向上开有 4 个小圆孔的轴套,在圆孔内安装有磁钢片,轴套与旋转轴过盈连接,旋转轴转动一圈,霍尔开关可测得 4 个脉冲,经信号处理转换为转速

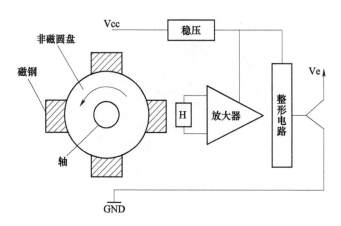

图 3-17   转速检测传感器的检测原理

时大大降低了误差。安装方式如图 3-18 所示。

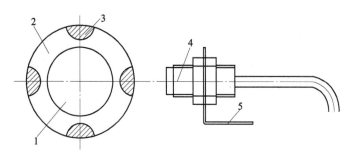

图 3-18   霍尔传感器与测速轴套的安装图
1—旋转轴 2—开口轴套 3—磁钢片 4—霍尔传感器 5—支架

玉米联合收获机脱粒清选工作过程中的关键转速检测包括对收获机行走速度、脱粒滚筒转速、风机转速和清选筛箱驱动转速 4 路速度信号的采集，其中脱粒滚筒转速已由动态转矩传感器检测，不再采用上文所述方式进行重复检测。将设计好的转速检测及调节装置安装在旋转部件旋转轴的合适位置，如图 3-19 所示。

项目研发的智能化玉米联合收获机为实现收获机各关键工作部件的自动调整和智能化控制，对工作部件传统的驱动方式进行改进，行走采用静液压驱动方式，取代效率较低的机械传动；脱粒滚筒、风机和清选筛箱都采用液压马达直接驱动的方式，取代传统的带轮传动，通过 PLC 控制器控制电磁阀来直接驱动这些液压马达，从而能够更方便、高效地对关键旋转部件进行调整，以满足收获机作业过程中对不同工况的需求。如检测到当前的玉米籽粒含水率较高时，为满足合适的喂入量、保证脱粒清选质量，应适当降低收获机行走速度，同时适当增大

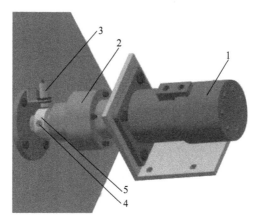

图 3-19　转速检测及调节装置
1—液压马达　2—联轴器　3—霍尔开关　4—磁钢片　5—测速轴套

脱粒滚筒、风机和清选筛箱的转速，增大脱粒间隙；当检测到喂入量瞬间增大或滚筒转矩瞬间过大时，应控制收获机减速，同时为防止滚筒堵塞而增大滚筒转速，为降低清选损失、保证清选质量而增大风机和清选筛箱的转速。

3.3.3　脱粒间隙检测及调节

在滚筒转速一定的条件下，脱粒质量主要取决于脱粒间隙，脱粒间隙越小，脱粒越干净，但也会增大脱粒负担，极易发生滚筒堵塞故障，脱粒间隙增大，容易发生"糊板"现象，导致脱粒不净。因此，在脱粒作业过程中脱粒间隙实时可调显得非常重要。在收获机作业过程中，一旦发生滚筒堵塞故障，驾驶员必须立即关闭发动机，手动调整凹板筛，增大脱粒间隙从而排除堵塞故障，之后再手工移动凹板筛，将脱粒间隙调整合适后再重新开始作业，这种传统调整方式费时费力，极大降低了收获机作业效率。项目组采用电动推杆自动调节机构，通过PLC控制电动推杆电动机的档位能实现脱粒间隙在线实时调整。在对脱粒滚筒转矩、转速和脱粒间隙实时监测的基础上，如果监控系统预警，则自动增大脱粒间隙，防止发生滚筒堵塞，待潜在故障排除后再调整到合适位置，整个过程无须停机，省时省力，提高了收获机作业效率。

设计的脱粒间隙调节机构主要由支撑座、四杆机构和凹板筛组成，结构如图3-20所示。凹板筛一侧通过销轴与支撑座相连，另一侧与四杆机构中的纵向杆相连，四杆机构的连杆两端分别与纵向杆和横向拉杆相连，中间与支撑座铰接，通过拉动横向拉杆，连杆带动纵向杆上下运动，实现凹板筛绕轴转动，从而调整脱粒间隙，调节范围为 30~60mm，中位脱粒间隙为 45mm。

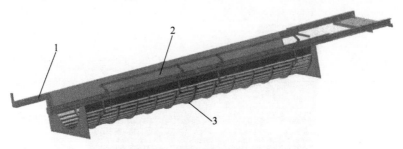

图 3-20 脱粒间隙调节机构
1—支撑座 2—四杆机构 3—凹板筛

第4章 收获机整机液压系统

4.1 收获机液压驱动行走系统

传统收获机行走系统多采用机械传动系统，存在换档操作烦琐、劳动强度高、换档过程功率流中断及发动机工况随负荷变化明显等缺点。本书设计的玉米收获机液压驱动行走系统具有功率比高、调速范围广、可进行恒转矩或恒功率调节，以及无级变速等优点。由于玉米收获机作业工况车速较为稳定，采用液压驱动的机械液压传动系统可以提高其行走系统传动路线的传动效率和换档性能。

4.1.1 作业环境分析及指标要求

从收获机的作业环境角度来讲，我国北方玉米及其他谷物种植地区主要集中在华北、东北，主要包括：黑龙江、吉林、辽宁、河北、山东、河南、陕西等几个省份，跨越东北平原、山东丘陵、黄土高原、华北平原。我国北方地区属于温带季风气候，其中玉米收获期在7~10月，正值降水的高峰期，土壤的含水率相对较高。因此，收获机作业环境较为恶劣。这就要求收获机具备良好的动力性。虽然田间作业工况比较稳定、路况较为一致，但是收获机的发动机和传动系统必须具备一定的动力储备和良好的动态响应来克服突然性大负荷，以防止发动机熄火和系统过载冲击。

对基于液压驱动的玉米收获机驱动行走系统的要求除具有与其他总成部件相似的体积小、重量轻、使用寿命长、可靠性高和成本低等共性以外，对于它们的性能还有专门的要求。

1）首先，系统自身的能源消耗率及损失功率小，传动效率高，并且有较为宽裕的高效传动区间。

2）传动系统能够在必要时立刻切断动力传递，而且具有较强的应对系统内部、外部扰动的能力。

3）传动系统具备较大的调速范围能实现无级调速。

4）收获机的传动系统具有经过"零点"（静止状态）的双向无级调速的能力，具备良好的操纵性和驾驶舒适性。

5）符合收获机智能控制的要求，收割过程中能根据谷物含水率、喂入量、脱粒滚筒转速等对作业行进速度进行实时调节。

6）收获机的行走传动系统各部件不仅具备安装方式个性化、多样化甚至模块化的能力，还能够灵活地适应整机形态、布局。

总之，收获机是由工作系统和行驶系统有机结合而成的农业机械，既有作业质量和作业效率要求，又有动力性和经济性指标。因此，承担玉米收获机行驶功能的驱动行走系统不仅要适应作业环境需求及整机控制要求，其本身还应具备良好的性能和较高的传动效率。

4.1.2 液压驱动行走系统的结构与原理

基于以上对收获机使用环境和使用要求的分析，收获机的驱动行走系统采用液压驱动装置。而且液压驱动装置本身经过半个多世纪的发展与完善已经比较成熟。目前，国外几乎全部的大中型玉米收获机的驱动行走系统均采用液压驱动装置。随着国内液压元件质量、生产能力和生产工艺的不断提升，使用液压驱动装置作为驱动行走系统的国产玉米收获机也日益增多。

液压驱动装置的基本传动路线为：发动机通过传动装置驱动（或通过花键连接）液压泵，将发动机输出的机械能转化成为液压能，并通过液压管道驱动液压马达，液压马达又将液压能转化成为机械能，经后置的机械传动装置驱动行走系统运动。液压驱动装置动力传递路线如图4-3所示。

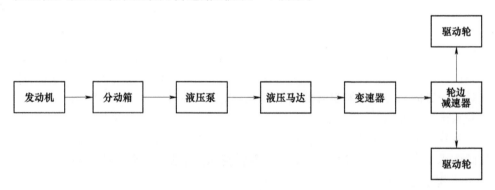

图4-1 液压驱动装置动力传递路线

在液压驱动行走系统中，液压泵和液压马达间的连接方式有开式和闭式回路两种[4]。对比分析两种回路，闭式液压驱动系统具有下列优势：

1）闭式液压驱动系统主回路中的液压油始终在不小于补油压力的"封闭"状态下运行，这就使系统主回路形成了一定的背压，不仅提高了液压泵的吸油特性，还避免了汽蚀对液压回路中的液压元件的损坏，加之系统的刚性好，能够对调节做出快速响应。除此之外，补油系统还可以作为油源，向变量泵控制机构提供控制所需油压油。

2）闭式系统无须使用换向阀，这就避免了由于节流而造成的节流损失和换向产生的液压冲击，利用双向变量泵就可以实现调速和换向。

3）闭式系统工作在一个相对"封闭"的环境中，系统泄漏、溢流、冲洗所损失的流量不大，主回路与液压油箱间的流量交换一般不超过主回路最大流量的30%。所以闭式系统的液压油箱的容积较小，仅为同等功率下开式系统液压油箱容积的1/3，安装更加方便灵活。

4）闭式系统为各液压元件提供了一个相对"封闭"的工作空间，因此灰尘、空气、雨水等杂质很难混入液压油，降低了液压油被污染的风险。

由于设计和使用的需要，相较于开式回路系统，闭式回路系统更适合玉米收获机的液压驱动行走系统。

液压驱动行走系统最主要的调速方案有容积调速和节流调速两种。其中，容积调速通过调节变量泵容腔容积来改变变量泵的输出排量，多用于系统压力比较高的车辆与行走机械的行走系统中。车轮驱动方案有高速、低速两种。低速方案是由两个低速大转矩液压马达直接驱动车轮，所以每个驱动轮只需要安装一个液压马达。但是这种低速大转矩液压马达成本较高，低速方案的日常维护、维修成本也比高速方案高，因此收获机的液压驱动行走系统采用高速方案，其液压驱动行走系统的原理图如图4-4所示。

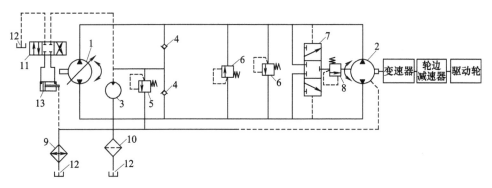

图 4-2　玉米收获机液压驱动行走系统的原理图

1—变量泵　2—液压马达　3—补油泵　4—补油单向阀　5—补油溢流阀　6—溢流阀　7—冲洗梭阀
8—低压溢流阀　9—散热器　10—过滤器　11—排量控制阀　12—液压油箱　13—排量控制液压缸

变量泵左端为输入端，通过分动箱与发动机输出端相连。液压马达固定在变速器壳体上，输出轴与变速器输入轴通过花键套连接。在系统主回路中，变量泵的出油口（高压）与定量马达的进油口通过软管直接相连作为高压油路；变量泵的进油口（低压）与定量马达的出油口通过软管直接相连作为低压压油路，这样就组成了闭式回路。泵输入轴通过花键连接带动柱塞体旋转，各柱塞绕柱塞体轴线做往复运动，在配流盘的出油端排出高压油，配流盘的进油端盘则靠液压缸体积变大形成的负压吸入液压油。当变量泵的斜盘与泵轴线处于垂直位置时液压缸体积不发生变化，此时泵轴空转，不向外输出液压油。当变量泵斜盘偏转一定角度时，液压缸体积产生大、小交替变化，变量泵开始排油。变量泵的排量大小取决于斜盘倾斜角度的大小，变量泵输出液压油的方向则取决于斜盘的偏转方向，从而控制收获机的行驶速度和行驶方向。

补油泵采用与变量泵同轴驱动的方式，不仅向变量泵控制机构提供油液，还为系统补充由于泄漏、冲洗、溢流而造成的流量损失，保证系统主回路有一定的背压。补油泵通过补油单向阀和补油溢流阀向主回路的低压管路补充液压油。高压、低压管路之间跨接有两个高压溢流阀，用以保证系统的工作压力不会超过设定的溢流压力，以保护液压元件和防止系统高压导致的油温过高。当系统工作压力高于设定的溢流压力时，溢流阀开启，高、低压管路相通，高压管路的液压油经过溢流阀流入低压管路，高压管路压力下降。

冲洗阀组由一个冲洗梭阀和一个低压溢流阀构成。其中的冲洗梭阀跨接在液压驱动装置主回路的两个通道之间，由主回路压力差的方向确定其阀芯位置，保证其与低压溢流阀的出口始终只与主回路中压力较低的一侧连通，并由这一侧引出部分工作油液。低压溢流阀的开启压力比补油泵的补油压力低，主回路中压力较高的一侧通过跨接油路推动冲洗梭阀的阀芯使低压溢流阀与低压油路导通，当该侧压力达到低压溢流阀的开启压力时，低压溢流阀导通，低压油路的液压油流向马达壳体内，起到冲洗降低壳体温度的作用。

液压元件泄漏和系统多余的液压油经散热器冷却降温后流回液压油箱中，降低了流回液压油箱的液压油温度，使液压油箱中的液压油温度不至于过高。

4.2　普通割台的液压系统

4.2.1　割台的结构与工作原理

割台是联合收获机的主要工作部件，割台正常工作有助于提高收获质量。其结构示意图如图4-3所示。工作过程为：分禾器完成禾秆的扶正和导向，拨禾器将禾秆拉向拉茎棍与摘穗板间的缝隙，拉茎棍将禾秆拉入缝隙，摘穗板将果穗摘落，果穗被拨禾器带至果穗螺旋，再由果穗螺旋向中间集中果穗，并送至升运器。割台工作时最大高度为450mm，其升降调节由液压系统完成。

4.2.2　割台液压传动系统

收获机液压传动回路如图4-4所示。液压系统由液压油箱、液压油泵、全液

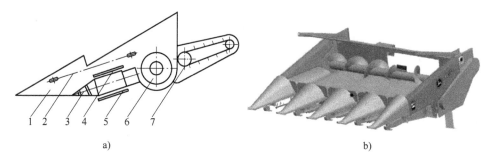

图 4-3　收获割台的结构示意图

1—分禾器　2—拔禾器　3—拉茎棍　4—摘穗板　5—消除刀　6—果穗螺旋　7—升运器

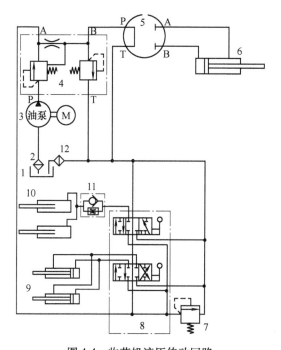

图 4-4　收获机液压传动回路

1—液压油箱　2—进油滤油器　3—液压油泵　4—单路稳定分流阀

5—全液压转向器　6—转向液压缸　7—溢流阀　8—多路手动换向阀

9—果穗箱升降液压缸　10—割台升降液压缸　11—单向调速阀　12—回油滤油器

压转向器、转向液压缸、多路手动换向阀、割台升降液压缸、果穗箱升降液压缸
等元件组成。

收获机液压系统的工作原理为：液压油从液压油箱经过进油滤油器，在液压
油泵的作用下，流向单路稳定分流阀，单路稳定分流阀将泵提供的油液分为两部
分，其中一路以定压差稳定小孔流量的方式为转向回路提供稳定的油液流量，其

余的油液供给割台和果穗箱回路使用。

以下主要分析割台升降油路的工作过程：

1）割台停止工作：如果此时果穗箱油路也停止工作，则油液由单路稳定分流阀流出后经过多路手动换向阀的中位连通方式，再经过回油滤油器回油箱。此种油液循环方式，泵的出油口压力等于油液流经各阀的局部压力损失之和，其压力值较低，泵输出功率较小，相当于泵卸荷。泵卸荷在回路中的应用，主要考虑动力元件不工作时，应降低能量消耗，控制油液温度的升高，降低生产成本。

2）割台上升：此时手柄左移控制割台升降的三位五通换向阀的左位连通方式导通，油液经单向调速阀中的单向阀流入割台升降液压缸，驱动割台上升。割台升降液压使用柱塞缸，其原因主要是割台的运动方向为竖直位移，割台下降复位时，可利用割台自身重力驱动柱塞实现复位，在一定程度上减少能量损耗。

3）割台下降：此时手柄右移控制割台升降的三位五通换向阀的右位连通方式导通，油液在割台的重力作用下，经单向调速阀中的调速阀，流经三位五通换向阀右位和回油滤油器回油箱，柱塞下降，割台下降。割台下降时，油液流经调速阀，因而柱塞下降速度得到控制，可实现低速稳定回落。其设计的主要目的是为了防止在重力作用下柱塞加速下降，在下降结束时会引起较强的冲击。

另外，所用的全液压转向器的型号为：BZZ1-E125（该件置于驾驶台下，与方向盘相连）。该转向器的4个油口分别与分流阀、回油管路、转向液压缸左右腔口相连，动力转向时，分流阀来油经转向器中随动阀进入摆线齿轮啮合部，推动转子随方向盘转动，并把足量油加入转向液压缸左腔或右腔，推动转向轮实现转向。

4.3 新型收获机割台的液压系统

收获机的主要工作过程包括：果穗的拾取、摘穗、输送、剥皮、秸秆粉碎等。割台是收获机的核心部件之一，安装在收获机的前端。割台的性能对收获机有着至关重要的影响，果穗损失率、果穗籽粒破损率、果穗折断率、果穗含杂率都与割台有着密切的关系，并且割台工作的可靠性也影响着收获机工作的可靠性。传统的收获机割台多为机械传动，故障率较高，不易维修，同时收割行距在收获机设计时就已确定下来，很难满足我国不同地区玉米种植行距的差异。本书设计的液压驱动的九行玉米收获机可折叠割台，割台动力由液压缸和液压马达驱动，减少了机械传动部件，降低了割台故障率，并且提高了割台精度，同时能通过收获机配套的行距探测杆反馈的信息自动调节割台行距，能满足我国不同地区对玉米收获的要求。

4.3.1　割台液压系统的设计

割台的自动对行、折叠，摘穗辊的转动，以及搅龙部分的转动全都是依赖于液压系统完成的，由于本书设计中割台是高度模块化的产品，使用液压系统可以更加灵活地来布置各种液压元件，从而最大程度上保证了割台设计不受干扰，且使用液压系统比较方便，反应速度也较快，更容易实现无级调速，液压系统的可靠性更强，在一定程度上增加了割台的使用寿命，还有非常重要的一点是使用全液压控制的割台更容易实现自动化控制。

4.3.2　割台液压元件的参数及选型

液压回路主要实现的功能是割台的自动对行、折叠，摘穗辊的转动，以及搅龙部分的转动。已知设计所需搅龙转速为 200r/min，割台单行功率一般为 7kW，摘穗辊的速比为 2.25∶1，拨禾器的速比为 0.85∶1，液压系统承受的最大压力不超过 16MPa。液压缸的主要参数见表 4-1。

表 4-1　液压缸的主要参数

名称	数量/台	行程/mm	缸径/mm
割台折叠液压缸	2	713	80
行距调节液压缸	8	200	50
整体偏移液压缸	1	800	70

已知摘穗辊马达的转速为 524r/min，功率为 7kW，根据 $P = \dfrac{Tn}{9550}$，计算出马达的转矩为 127.6N·m，最终选择美国怀特摆线马达 WS80 型号。搅龙马达的转速为 200r/min，功率为 2kW，根据功率转矩的关系计算出马达转矩为 95.5N·m，最终选用美国怀特摆线马达 WR40 型号。摘穗辊马达和搅龙马达的基本参数及选型情况见表 4-2。

表 4-2　马达主要参数及马达选型

名称	型号	排量/(mL/r)	流量/(L/min)	设定流量/(L/min)	设定压力/10⁵Pa
摘穗辊马达	WS80	713	79	138	210
搅龙马达	WR40	200	40	9	150

各液压缸基本参数和流量的设置见表 4-3、表 4-4 和表 4-5。

表 4-3　摘穗辊行距调节液压缸参数

缸径/mm	杆径/mm	行程/mm	流量/(L/min)	伸出时间/s	回程时间/s
50	30	200	5	9.04	6.03

表 4-4　摘穗辊偏移液压缸参数

缸径/mm	杆径/mm	行程/mm	流量/(L/min)	伸出时间/s	回程时间/s
70	50	800	20	18.47	9.05

表 4-5　割台折叠液压缸参数

缸径/mm	杆径/mm	行程/mm	流量/(L/min)	伸出时间/s	回程时间/s
80	50	713	20	21.5	13.1

摘穗辊行距调节液压缸的行程为 200mm，缸径为 50mm，选用 HSG50 液压缸，液压缸耳环带衬套，活塞杆外螺纹耳环带关节轴承，油口为内螺纹样式，最大承受压力为 16MPa，依次安放于摘穗辊组合中的齿轮箱下方。摘穗辊偏移液压缸的样式和摘穗辊行距调节液压缸相同，行程为 800mm，缸径为 70mm，选用 HSG70 液压缸。折叠液压缸的样式和摘穗辊行距调节液压缸的样式也相同，需要左右各一个，行程为 713mm，缸径为 80mm，选用 HSG80 液压缸。

4.3.3　液压控制回路的设计

在设计液压控制回路的时候，由于所需的液压马达数量多，为了使液压油的损耗不至于过大，将 9 个液压马达分为 3 组，每组 3 个，同时在 3 个支路上设置 3 个同步分流马达。同步分流马达为齿轮式的，它的外形与多联齿轮泵相似，它将最少两组的齿轮马达串联，使他们保持相同的转速，当液压泵提供油液以后，可以很灵活地按设定的比例来分配油液供给执行元件，在此过程中，可以做到完全不受执行元件的压力值的干扰。在摘穗辊液压缸的回路中，为了平衡支路的油液，需要使用分集流阀，分集流阀在液压同步系统中控制两个液压缸或液压马达使其保持同速。根据新型玉米收获机割台的功能需求，设计了如图 4-5 所示的液压回路。

通过对割台结构的设计及对割台液压元件参数的计算，对割台液压系统所需的液压缸和液压马达进行选型，同时完成了液压回路的设计。由于割台所需的液压缸及液压马达的数量较多，液压控制系统所需要的三位四通控制阀较多，所以选用了集成阀组对液压缸及马达进行控制，既减少了安装空间又降低了故障率。同时割台马达控制阀内集成有电磁比例控制阀，可对割台马达转速进行实时调节。图 4-6 和图 4-7 所示为设计选用的割台功能液压缸控制阀、割台马达控制集成阀及其实物安装图。

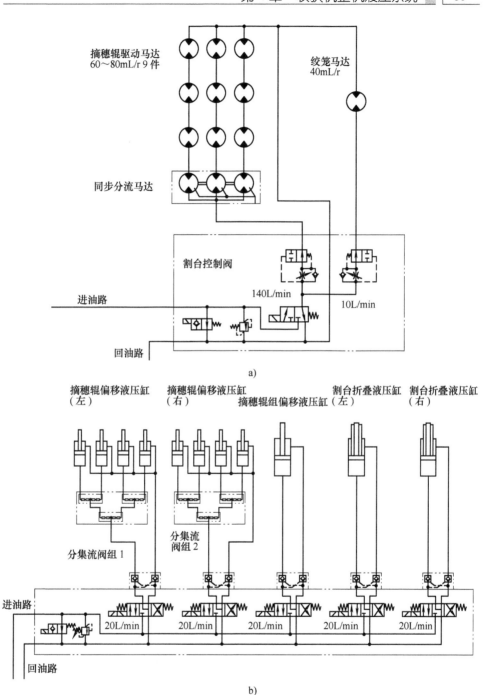

图 4-5　割台液压回路设计图

a）液压马达驱动回路　b）液压缸驱动回路

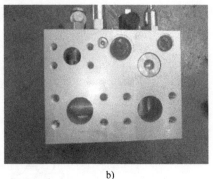

a)   b)

图 4-6　割台液压控制集成阀
a）割台功能液压缸控制阀　b）割台马达控制集成阀

图 4-7　割台液压阀组安装图

对已选定的各割台、各液压元件进行整体布置安装，如图 4-8 所示为割台液压元件整体安装示意图。

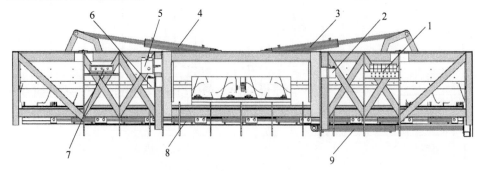

图 4-8　割台液压元件整体安装示意图
1—功能液压缸控制阀　2—分集流阀组　3—右侧割台折叠液压缸　4—左侧割台折叠液压缸
5—割台马达控制阀　6—分集流阀组　7—同步分流马达　8—摘穗辊偏移液压缸　9—摘穗辊组偏移液压缸

　　最终进行割台零部件的加工及液压元件的实际安装，割台实物图如图 4-9 所示。

图 4-9　割台实物图

4.4　脱粒清选液压系统

4.4.1　脱粒清选液压驱动系统

1. 脱粒滚筒驱动装置

　　为实现收获机脱粒滚筒转速的实时有效调节，对滚筒驱动方式进行改进，用液压马达代替传统的带轮传动，并通过两组链式联轴器将动态转矩传感器布置在液压马达和脱粒滚筒轴之间，在驱动脱粒滚筒工作的同时检测滚筒转矩和转速。图 4-10 所示为脱粒滚筒驱动装置的示意图。

2. 脱粒间隙调节装置

　　在滚筒转速一定的条件下，脱粒质量主要取决于脱粒间隙，脱粒间隙越小，脱粒越干净，但也会增大脱粒负担，极易发生滚筒堵塞故障；脱粒间隙增大，容易发生"糊板"现象，导致脱粒不净。因此，在脱粒作业过程中脱粒间隙实时可调显得非常重要。在收获机作业过程中，一旦发生滚筒堵塞故障，驾驶员必须立即关闭发动机，手动调整凹板筛，增大脱粒间隙从而排除堵塞故障，之后再手工移动凹板筛，将脱粒间隙调整合适后再重新开始作业，这种传统调整方式费时费力，极大降低了收获机的作业效率。本书设计了一种脱粒间隙自动调节装置，能实现脱粒间隙在线实时调整。

　　设计的脱粒间隙调节装置主要由支撑座、四杆机构和凹板筛组成，如图 4-11 所示。凹板筛一侧通过销轴与支撑座相连，另一侧与四杆机构中的纵向杆相连，四杆机构的三角连杆两端分别与纵向杆和横向拉杆相连，中间与支撑座铰接，通过拉动横向拉杆，三角连杆带动纵向杆上下运动，实现凹板筛绕轴转动，从而调整脱粒间隙，调节范围为 30~60mm，中位脱粒间隙为 45mm。

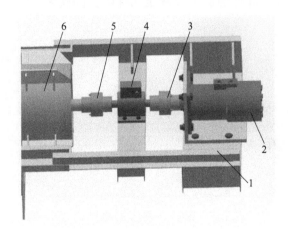

图 4-10　脱粒滚筒驱动装置的示意图

1—支撑座　2—液压马达　3、5—联轴器　4—转矩传感器　6—脱粒滚筒

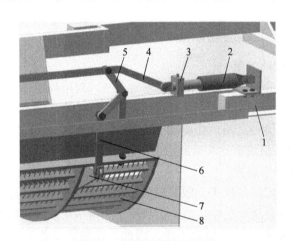

图 4-11　脱粒间隙调节装置

1—支撑座　2—液压缸　3—位移传感器　4—横向拉杆　5—三角连杆
6—纵向杆　7—凹板连接臂　8—凹板筛

3. 清选筛箱驱动装置

由于玉米收获机作业过程中清选筛箱主轴转速相较于其他工作部件转速慢，并且清选筛箱的液压系统是由变量泵+定量马达组成，不适宜用液压马达直接驱动主轴，因此，在液压马达与主轴之间增加一传动比为 6 的减速器以便于更加方便准确地调节清选筛箱的主轴转速。

清选筛箱减速器与清选筛箱主轴通过联轴器相连接，与液压马达之间通过内外花键传动，清选筛箱马达安装结构及实物图如图 4-12 所示。

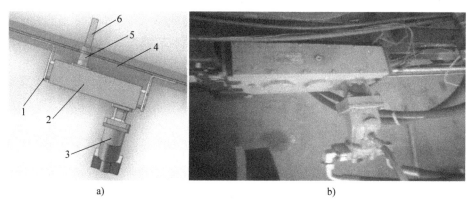

图 4-12 清选筛箱马达安装结构及实物图

1—减速器安装板 2—减速器 3—液压马达 4—收获机车架 5—联轴器 6—清选筛箱传动主轴

4. 清选风机驱动装置

不同于液压驱动行走系统与清选筛箱驱动装置皆由变量泵+定量马达组成，清选风机驱动装置是由齿轮泵+风机调速阀+液压马达组成，可通过调节风机调速阀中的电磁比例阀直接调节马达转速，并且收获机工作时风机转速较快，因此中间不需要再安装减速器，马达可直接驱动风机主轴转动达到转速要求，同时在风机主轴处安装转速传感器实时检测反馈风机转速，清选风机马达安装结构及实物图如图 4-13 所示。

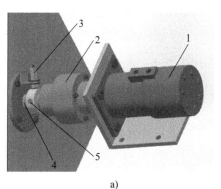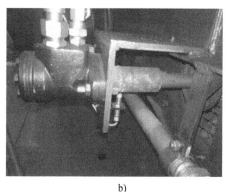

图 4-13 清选风机马达安装结构及实物图

1—液压马达 2—联轴器 3—霍尔开关 4—磁钢片 5—测速轴套

4.4.2 脱粒清选液压系统的控制方案

脱粒清选装置是玉米收获机的核心工作部件，脱粒清选装置的工作状态直接影响到玉米的籽粒破损率和损失率。由于传统的收获机脱粒清选装置大多全为机械传动，在收获机作业过程中，一旦发生滚筒堵塞故障，驾驶员必须立即关闭发动机，手动调整凹板筛，增大脱粒间隙从而排除堵塞故障，之后再手工移动凹板筛，将脱粒间隙调整合适后再重新开始工作，这种传统调整方式费时费力，极大降低了收获机的作业效率，并且可调范围较小，很容易再次发生堵塞情况。本书设计的基于液压驱动的脱粒清选装置，可根据传感器测得的谷物湿度、喂入量、作业行进速度、脱粒滚筒转速与转矩等参数，对脱粒滚筒转速、滚筒间隙、清选筛箱与清选风机马达转速进行实时调节，提前预防了滚筒堵塞等故障的发生，并且通过对清选系统的实时调节大大降低了玉米籽粒的损失率。脱粒清选液压系统的控制方案如图 4-14 所示。

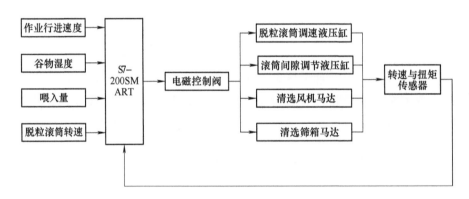

图 4-14　脱粒清选液压系统的控制方案图

4.5　其他辅助液压系统

4.5.1　升运器液压系统

升运器是玉米收获机的核心作业机构，升运器的驱动系统性能的优劣直接影响整机的使用性能和传动系统布局。对使用性能的影响主要体现在机器的智能控制方面和维保方面，对传动系统布局的影响主要体现在系统设计的简易性和灵活性方面。如果通过机械传动（如带传动和链传动）的方式来实现动力传输，那么就需要经过多级减速才能将动力传输到升运器的驱动轴上，这样的传动系统结构复杂，安装和维护困难，故障率较高。为了简化升运器的驱动系统，提高整机的智能性，降低机器运行的故障率，本书采用液压驱动系统，与机械传动系统不同，液压驱动系统能够很容易实现电控，从而达到高度智能化的目的。升运器的结构如图 4-15 所示。

4.5.2 卸粮装置液压系统

在我国的农业机械中,收获机械占有很大的比例,小麦收获机是收获机械中的重要的组成部分。而现有的小麦收获机为了减轻操作者的劳动强度,一般都设有卸粮装置,在卸粮装置的尾部设有用于盛放粮食的编织袋,其中的卸粮搅龙是倾斜向上延伸设置的,卸粮搅龙包括芯部,芯部上沿的芯部周向盘设有叶片。传统的联合收获机通常包括农作物收割装置、脱粒装置、秆茎分离装置、杂物清除装置、储粮装置与卸粮装置等。例如,小麦被收割且经过脱粒装置、秆茎分离装置与杂物清除装置初步处理后可以暂时存储在储粮装置内。当储粮装置内的初步处理后的小麦将满时,操作卸粮装置与储粮装置下部的卸粮口对接,将初步处理后的小麦从联合收获机卸出到运粮车中。卸粮装置的结构如图 4-16 所示。

当卸粮装置工作时,液压马达 A 会使得卸粮筒内的搅龙进行旋转,从而将之前脱粒清选完成的粮食从低处运送到高处,然后粮食从卸粮口输出到与

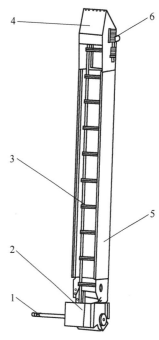

图 4-15 升运器的结构
1—升运器下轴 2—入粮口
3—升运器隔板 4—出粮口
5—升运器侧板 6—升运器上轴

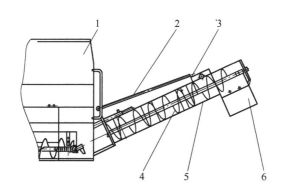

图 4-16 卸粮装置的结构
1—收获机车体 2—支撑杆 3—连接铰链 4—搅龙 5—卸粮筒 6—出粮口

收获机同行的运粮车上,从而实现对粮食的卸载。液压马达 B 控制整个卸粮筒的伸出和收缩,从而使得卸粮筒在不工作时是贴在收获机车体上的,工作时会旋转出来,进行卸粮。卸粮装置利用液压系统,完全实现了驾驶员不离开驾驶室就可

轻松卸粮工作，省功省时更省力，达到事半功倍的效果。卸粮筒的结构如图 4-17 所示。

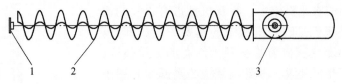

图 4-17　卸粮筒的结构

1—液压马达 A　2—搅龙　3—液压马达 B

第 5 章　控制信息的获取

5.1　玉米植株行距检测

5.1.1　图像处理检测

项目组采用基于 LabVIEW 的机器视觉系统，是为了实现对玉米收获机的割台行距的调整，需要将系统配置于驾驶室的控制系统中，安装时将摄像机和计算机通过网线连接。

图像识别系统主要可以化分 4 个主要模块，包括田间玉米植株的图像获取、预处理、识别及相机标定。其中图像的预处理这一部分可以具体地细分为光照补、二值化、图像形态学处理、图像匹配等几个重要的部分[5]。

图像识别整体过程如下：启动图像识别程序以后，程序控制开启摄像头，然后 LabVIEW 调用照片开始进行图像预处理，图像预处理过程结束后如果图像预处理得到的结果不理想，需要重新进行照片的采集。在图像处理结果理想的情况下，开始进行计算照片中玉米秆之间的像素值，然后通过相机标定的方法将图上的玉米秆株距转化为实际株距，得到的株距值在 450~650mm 的话，就将株距值通过串口通信传递给 PLC。图像识别的流程如图 5-1 所示。

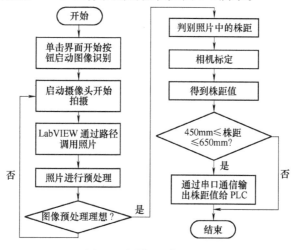

图 5-1　图像识别的流程

5.1.2 玉米植株图像处理

利用机器视觉进行玉米秸秆的图像识别，需要将目标与背景分离开，然后再运用图像分割将背景去除掉只留下感兴趣区域。如果感兴趣区域颜色和背景颜色差异很大或者完全不同，那么就可以尝试使用 RGB 色彩分割法，将感兴趣区域分割出来；如果感兴趣区域形状规则，则可以根据形状来判断感兴趣区域，使用这种方法的前提是采集到的图像是彩色的。在本设计中，由于玉米地的干扰项太多，相邻玉米叶有相交，杂草在二值化后基本呈现为许多独立不规则的噪点状，即使是采集到彩色图像，在玉米生长过程中玉米秆和玉米叶颜色近乎相同，无法使用 RGB 颜色分割法来提取玉米植株。农田环境背景常常复杂多变，玉米秆常常因为长玉米叶的影响而无法准确识别，因此在本设计中利用玉米秆的形状，使用了一系列图像预处理的基本方法，不断去除背景中的噪点，最终得到较为清晰的玉米植株图像。

对田间玉米植株的图像进行预处理是图像识别过程中最基础也是最重要的一个部分，它的主要目的是为了消除图像中无关的信息，将感兴趣区域增强并最大限度满足今后的标定需求，使数据尽可能简化。这一过程直接关系到结果的输出是否准确，是否可以实现预计的功能等。在本设计中，图像处理的目的是尽可能将田间玉米植株的复杂背景去除，例如玉米地的杂草及玉米植株上的玉米叶片等，在最大程度上保证玉米秸秆的完整性。本设计中图像预处理主要包括图像的灰度化处理、图像的二值化处理、低通滤波、膨胀、腐蚀，以及粒子滤波等图像处理过程，本设计中田间玉米植株的图像预处理流程如图 5-2 所示。

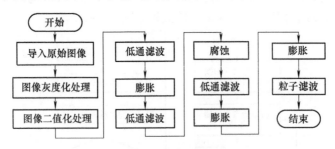

图 5-2　图像预处理流程

采集到的田间玉米植株的图像为 RGB 彩色图像，由于其包含有许多的信息，彩色图像占用空间大，处理起来远不如黑白图像方便，并且实际 RGB 并不反应图像中的信息，而只是包含大量的配色信息，这些对于图像的预处理来说并没有什么作用。彩色的图像在很大程度上还会降低图像处理的速度，因此在本设计中需要先将采集的田间玉米植株的 RGB 彩色图像转换为灰度图。RGB 分别表示红、绿和蓝 3 个通道，如果这 3 个分量的值全部相等，则彩色的玉米植株图像就转换为灰度图。

灰度化处理的过程一般有取最大值、取平均值及取加权平均值这 3 种方法。取最大值的方法就是舍弃 RGB 3 个量中较小的两个值，取其中最大的一个值，并将它作为灰度值；取平均值即为不考虑 3 个值的大小，将 3 个分量的平均值作为灰度值；取加权平均值即为将 3 个分量加权平均以后得到的值作为最终的灰度值。

本设计中依据上文提到的采集图像的方式对田间玉米植株进行了采集，如图 5-3 所示。实际对于玉米秸秆的识别，使用彩色图像是没有什么价值的，在玉米成长期到成熟期，玉米植株的颜色和叶片的颜色及杂草的颜色，都十分相近，为了提高图像处理的速度，对采集到的田间玉米植株的图像进行灰度化处理以后的结果如图 5-4 所示。

图 5-3　原始图像

图 5-4　玉米植株图像的灰度化处理结果

图像二值化的目的很简单，简单来说就是为了将感兴趣区域和非感兴趣区域分开，将所需要的颜色部分设定为 1，则其他部分全部设定为 0，这样就便于去掉其他不重要区域，在后续的图像处理中只需对感兴趣区域再进行处理即可。图像二值化有多种，常见的几种有双峰法、P 参数法、迭代法等[6]。

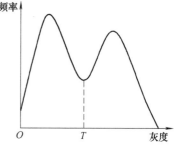

图 5-5　双峰法取阈值

1. 双峰法求图像二值化阈值

双峰法仅仅适用于简单的图像处理，在图像中物体的分布规律性比较明显的情况下可以使用。图 5-5 所示为双峰法取阈值，图中的区域与波峰是一一对应的，选择两波峰之间的波谷记为阈值，以此可以实现图像的分割。

2. P 参数法求图像二值化阈值

如果当感兴趣区域与其他区域有重叠部分时，灰度和频率的关系图中就不会有明显的波谷，此时不宜使用双峰法。若能知道感兴趣区域占图像的比率 a，就可以使用 P 参数法来找到最佳阈值。求出 a 的值，然后求解图像的脂肪分布 $P(t)(t = 0,1,2,3,\cdots,255)$，通过使 $\left|\dfrac{\sum\limits_{t=0}^{T}P(t)}{mn} - P\right|$ 最小，求出阈值 T 即可。

迭代法简单来说就是运用无限接近的原理来进行计算的，具体步骤如下：首先从 $0\sim255$ 中选择一个阈值当作初始值 $T(i)$，假设迭代的次数为 i，迭代次数 i 从 0 开始取值；接下来开始第 1 次迭代，用 $T(1)$ 作为中间值将图像分成两部分，记为 C_1 和 C_2；计算 C_1 和 C_2 的灰度值的平均值，取 N_1 和 N_2 作为 C_1 和 C_2 的像素点的个数，$f(x,y)$ 记为某一点的灰度值，$\mu^{(j)} = \dfrac{1}{N_2^{(j)}}\sum\limits_{f(x,y)\in C_1}f(x,y)$；然后计算 $T(2)$，$T(2) = \dfrac{(\mu_1 + \mu_2)}{2}$，并计算 $T(2)$ 和 $T(1)$ 的差值，以此类推，即为计算 $T(J+1)$ 和 $T(J)$ 的差值，直到这个值小于规定的值即可。

通过 LabVIEW 软件进行阈值的调节，对图像进行了二值化处理，将灰度图像转换为二值图像。在 Vision 控件中，我选择了手动调节阈值的方式，并通过对采集的多张图像进行试验和对比，最终将阈值定为 122，二值化处理的程序调用和效果如图 5-6 所示。

低通滤波可以简单地认为：预先设置一个点作为频率的一个临界点，在所有信号通过这个点时，比这个点信号频率高的将不允许其通过，这个信号将被拦截，给它赋值成一个空值 0；如果信号频率低于设置的那个点，其便可以正常通过，信号被保留下来并赋值 1。而噪点一般是作为图像中的高频部分，因此在本设计中使用了低频滤波，这样可以有效地去除图像中冗杂的噪点。

膨胀和腐蚀在图像处理流程中均归属于形态学运算，它是对现有的图像中的结构元素进行分析衡量，提取图像中的元素，并对原有形态做一个填充或者削弱的改变，用来达到处理图像的目的。它既可以去除不必要的图像元素，又可以使感兴趣区域保持其原有的形状。设 G 为灰度图像，X 为结构元素，A 可以是任一几何基元，其中如果是不对称基元会使图像产生位移，需要用 A 的对称集 Av 来进行计算，设置膨胀为+，腐蚀为-。

腐蚀可以用来提取图像中最有用的主要信息，同时可以消除细小的噪声。腐

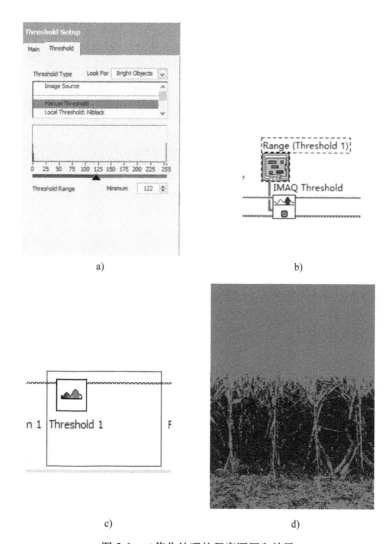

图 5-6　二值化处理的程序调用和效果

a）二值化的参数设置　b）后面板程序　c）前面板显示　d）二值化后的效果

蚀的过程相当于用一个元素 X 去扫描其他的所有像素，两两互相进行"与"计算。如果两两都为 1，结果图像中的该像素为 1，像素信息被保留下来；若为 0，则不保留此像素信息。腐蚀的过程可表示为式（5-1）和式（5-2）

$$E(x, y) = (G \otimes A)(x, y) = \underset{i, j=0}{\overset{m}{AND}} [F(x + i, y + j) \& A(i, j)] \qquad (5-1)$$

$$D(x, y) = (G \otimes A)(x, y) = \underset{i, j=0}{\overset{m}{OR}} [F(x + i, y + j) \& A(i, j)] \qquad (5-2)$$

选用了 Vision Assistant 低通滤波器进行降噪，第 1 次低通滤波处理的程序调用和效果如图 5-7 所示。

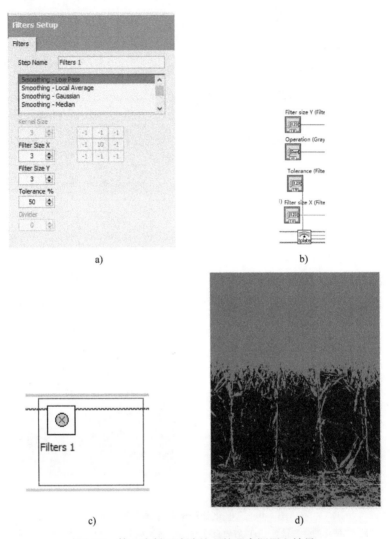

图 5-7　第 1 次低通滤波处理的程序调用和效果

a）参数设置　b）后面板程序　c）前面板显示　d）低通滤波效果

　　接下来进行灰度形态学处理。对图像进行第 1 次膨胀处理，参数设置如图 5-8a 所示，处理后的效果如图 5-8b 所示。膨胀处理完以后，发现图中很多边缘不清晰的干扰项经过膨胀以后边缘平滑，噪点变得更加清晰，因此对得到的图像进一步进行了降噪处理，参数设置如图 5-9a 所示，处理后的效果如图 5-9b 所示。

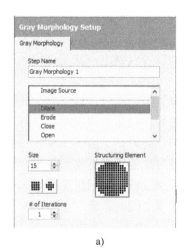

a)　　　　　　　　　　　　b)

图 5-8　第 1 次膨胀处理

a）参数设置　b）膨胀效果

a)　　　　　　　　　　　　b)

图 5-9　第 2 次低通滤波处理

a）参数设置　b）滤波效果

5.1.3　株距获取

图像的标定选择了画线找中心的方法，设感兴趣区域为 1，非感兴趣区域为 0，设置图像左下角为图像原点，具体方法如下：在图像上连续画许多条横线，在 LabVIEW 中写入的画线程序，画线步骤写入 for 循环实现自动画线。画线的范围设定一个阈值，如果在所设置的阈值内，所画的每条线在某个 Y 方向上检测到的点都是 1，则认为此 Y 方向上是玉米秆，阈值的大小可以根据需要来调节。有玉米秆存在的地方一定在某个 X 区域范围内均能得到 Y 方向上是 1 的结果，将此密集区域的中点作为此玉米秆的位置。这样就可以确定一株玉米秆在图像上的具体位置。

在将每一株玉米秆都按上述方法求得位置坐标以后，接下来要计算两株玉米秆之间的距离，只要在检测到玉米秆位置以后，对图上像素距离进行一个简单的减法计算即可得到株距。但是在实际田间作业的时候，由于玉米秆长势和杂草叶片等不可控因素的干扰，拍照的时候可能将后排的玉米秆也拍下来，或者有玉米的长叶片位于两株玉米之间，这些因素都可能导致在我们想要测距的两株玉米秆之间存在干扰，使测得的值为玉米秆和干扰项之间的距离，会影响我们的测量结果。因此，在本设计中做了一个距离的判定，根据一般种植经验，反推出像素值，在图像上设定一个距离范围，如果测得的两株玉米秆距离落在这个区域内，则认为距离值合理，如果小于这个值则认为此数据不合理，作为无效数据处理。如图 5-10 所示为玉米秆位置的判定。

以图像预处理图片为例，依据上述求取原则，得到如图 5-11 所示的结果，求取距离值的具体步骤如下：

1）设定画检测线的阈值在 Y 方向上的 1000~2500 像素，在所设定的范围内设定画 5 条检测线，使用 for 循环自动生成检测线位置。

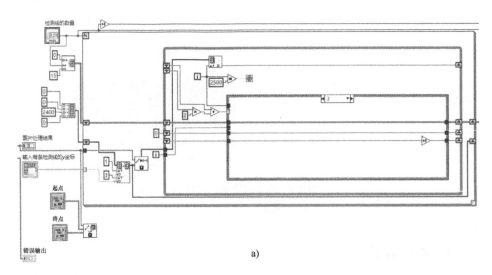

a)

图 5-10　玉米秆位置的判定

a）使用 for 循环自动生成检测线位置

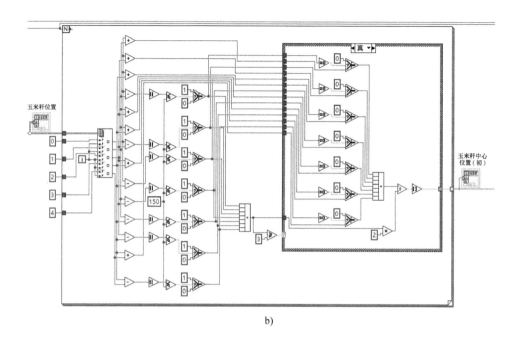

b)

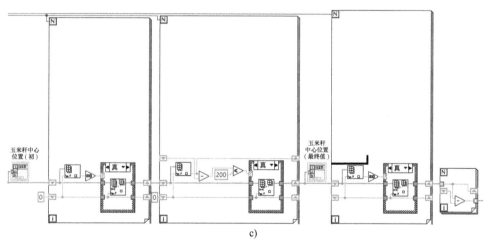

c)

图 5-10　玉米秆位置的判定（续）

b）玉米秆位置和中心位置判定程序　c）计算图上玉米秆之间的像素距离

2）根据检测线数量进行玉米秆位置判断，然后进入判别程序，对检测线上的 Y 方向进行检测，判定出此处是否是玉米秆，得到一组初始值。

3）同时判定出是否有干扰物附着在玉米秆上、两颗玉米长在一起或后排未被处理掉的玉米秆的情况，阈值范围设定为大于 300 像素，得到一组最终值，图像中没有小于 300 像素的干扰情况，因此得到的最终值和初始值是相同的。

图 5-11　株距判定结果

5.2　接触式探杆结构检测

5.2.1　探杆的结构设计

为实现摘穗辊间距和所收获的玉米行距相匹配，需要对所收获的玉米行距进行采集，然后调节摘穗辊的行距，使之适用于不同的玉米行距。为了实现玉米行距的测量，设计了探杆装置。考虑到玉米收获机的车体结构，决定株距测量装置安装于车体下方，通过支撑板将装置在车体下方托起；另外，收获机割台加过桥长度为 3m，需将测量探杆送到大于 3m 处，所以还需设计传送管件。株距测量装置主要由直流电动机、旋转式编码器、压力传感器、测量探杆、丝杠、螺母及步进电动机等组成，株距测量装置的结构如图 5-12 所示。

5.2.2　探杆的工作过程

探杆机构上面有两个步进电动机，进而可以在 XY 两个方向上运动，并且上面安装了 6 个行程开关，从而实现我们需要的功能。探杆机构的安装方向即他的较长方向的运动方向与收获机行驶的前后方向一致，较短方向则是和收获机的左右方向（从驾驶员角度来看）一致。在使用探杆机构检测玉米行间距时，首先是带动探杆机构前后方向运行的步进电动机带着探杆机构整体向前移动，直到沿着探杆机构前后方向安装的靠前的行程开关被触发时带动探杆机构前后方向运行的步进电动机停止（此时探杆机构的头部已经伸到割台外即两行玉米之间）。同时，带动探杆机构头部（探爪）左右移动的步进电动机开始带着探杆机构头部向右方向运动，直到探杆机构头部右侧的行程开关触碰玉米被触发。带动探杆机

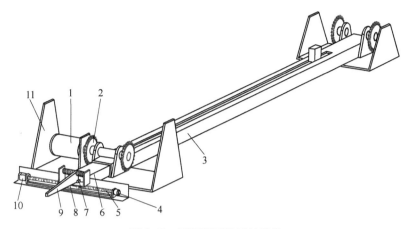

图 5-12　株距测量装置的结构

1—直流电动机　2—链轮　3—外管　4—旋转式编码器　5—丝杠　6—内管
7—压力传感器　8—螺母　9—测量探杆　10—步进电动机　11—支撑板

构头部左右移动的步进电动机开始带着探杆机构头部向左方向运动，当探杆机构
头部左侧的行程开关触碰玉米被触发时，带动探杆机构前后方向运行的步进电动
机带着探杆机构整体向后移动，直到沿着探杆机构前后方向安装的靠后的行程开
关被触发时，带动探杆机构前后方向运行的步进电动机停止（此时探杆机构的头
部已经收回到了车底）。探杆机构头部左侧的行程开关触碰玉米被触发后，探杆
机构头部仍向左侧行驶触碰左侧极限位置处的行程开关后向右侧行驶，经 8s 延
迟后回到初始位置，带着探杆机构头部左右移动的步进电动机停止。至此探杆机
构的运动停止。以上我们提了 5 个行程开关，还有 1 个行程开关设置在探杆机构
头部右侧的极限位置处用来应对探杆机构头部因右侧行程开关没有触碰到玉米而
一直向右侧运动这种特殊情况，在探杆机构的运动过程中，探杆机构头部左右两
侧的行程开关被触发的间隔时间被 PLC 记录到 VD4 中。

5.3　智能化收获机信息的获取与传递

为了实现收获机的远程调度、故障的时时监测，本课题利用 Microsoft Visual
C++（简称 VC）对 GPS（全球定位系统）模块中定位的信息进行抓取，将抓取
到的收获机的位置信息传送到计算机；利用 PLC 对收获机的转速、压力等信息
进行采集，将采集到的信息传送到计算机，将采集到的信息与数据库中的信息进
行对比，从而进行故障诊断；计算机将收获机的调度信息和收获机的故障信息通
过 GSM（全球移动通信系统）模块传送到用户的手中，以方便用户清楚地了解
收获机的自身状况及需求信息。

5.3.1 位置信息的获取

针对目前广泛应用的 GPS 导航系统，采用一种对其定位和接收参数的提取方法。对于用户来说，关键的设备就是用户接收机（GPS 接收机）。很多情况下，用户都是用计算机和 GPS 接收机通信，将 GPS 信息导入计算机然后再处理。而由于 VC 在和 GPS 接收机的通信及后面的数据处理应用方面的强大功能，成为许多用户开发 GPS 应用程序的首选开发语言。GPS 数据采集程序采用 GPS 的异步串行传送方式，通过 RS232 串行口采集遵循 NMEA0183 协议的 GPS 数据。

GPS 定位数据的提取如下：

```
Void CALLBACKTimeProc ( UINT uID, UINT uMsg, DWORD dwUser,
DWORDdw1, DWORD dw2)
{ timeKillEvent(nTimerID);
                                    //读要先关定时器！每次读都要设时间超时！
timeouts. ReadIntervalTimeout = MAXDWORD;
timeouts. ReadTotalTimeoutConstant = 100;
timeouts. ReadTotalTimeoutMultiplier = 100;
timeouts. WriteTotalTimeoutConstant = 100;
timeouts. WriteTotalTimeoutMultiplier = 100;
SetCommTimeouts(hcom, &timeouts);
ReadFile(hcom, datal, 1, &dwReadNum, NULL);
if(data[0]! ="$")
timeSetEvent(2000,10,Time Proc,NULL,TIME_PERIOD-IC);
else
PurgeComm(hcom,PURGE_RXCLEAR);
timeSetEvent(2000,10,Time Proc,NULL,TIME_PERIODIC);
                                    //读完之后要重新启动定时器
}
```

将所需信息提取到内存，即将时间、日期及经纬度分别保存在 CString 型变量 m_time、m_date、m_latitude 和 m_longitude 中，在实际应用中往往根据需要对其做进一步的运算处理，比如从 GPS 接收机中获得的时间信息为格林尼治时间，因此需要在获取时间上加 8h 才为我国标准时间。

5.3.2 收获机状态信息的获取

应用 VC 开发串行通信通常采用以下几种方法：①利用 Windows API 通信函

数；②利用 VC 的端口操作函数-inp，-inpw，-inpd，-outp，-outpw，-outpd 等直接对串口进行操作；③使用 VC 的通信控件（MSComm）。由于 MSComm 在串口编程时非常方便，程序员不必花费时间去了解较为复杂的 API 函数就能通过串行端口传输和接收数据，故采用此方法。MSComm 控件是 ActiveX，可在控件工具条上添加一个通信控件。MSComm 控件提供了一系列标准通信属性和方法，使用它可以建立起应用程序与串行端口的连接，完成串行数据的发送和接收。其基本属性说明如下：CommPort 设置并返回通信端口号；Settings 以字符串形式设置并返回数据传输速率、奇偶校验、数据比特、停止比特；PortOpen 设置并返回通信端口的状态，也可以打开和关闭端口；Input 返回并删除接收缓冲区中的数据流，该属性在设计时无效，在运行时为只读；InputMode 设置或返回 Input 属性取回的数据的类型、数据取回的形式、字符串或是一数据组的二进制数据的数组；Output 向发送缓冲区写数据，该属性在设计时无效，在运行时为只写；MSComm 控件只有一个事件，即 OnComm 事件。在通信时如果发生错误或者事件，将会引发 OnComm 事件并且改变其属性值，通过 GetCommEvent（） 可获得 OnComm 产生事件或错误的代码。在与 PLC 进行通信时，使用此功能可以自动地完成上位机对 PLC 所发送信息的接收，从而实现对 PLC 状态的监控。

首先对串口进行初始化，具体程序如下：

```
m_ctrlComm. SetCommPort(2)；//选择 Comm2
if(! m_ctrlComm. GetPortOpen())
m_ctrlComm. SetPortOpen(TRUE)；//打开串口
else AfxMessage Box("cannot open serial port")；
m. ctrlComm. SetSettings("9600,n,8,1")；//波特率为 9600,无校验,8 个数据位,1 个停止位
m_ctrlComm. SetInputMode(1)；//参数 1 表示以二进制方式检取数据
m_ctrlComm. SetRThreshold(1)；//参数 1 表示每当串口接收缓冲区中有多于或等于 1 个字符时将引发一个接收数据的 OnComm 事件
m_ctrlComm. SetInputLen(0)；//设置当前接收区数据长度为 0
m. ctrlComm. GetInput()；//先预读缓冲区以清除残留数据
```

当串口中捕捉到数据，就会引发 OnComm 事件。需要注意，函数 GetInput() 返回 VARIANT 型变量，而在编辑框中显示 CString 型变量，需要进行变换：先将 VARIANT 型变量转换为 COleSafeArray 型变量，再将其转换为 BYTE 型数组，然后将数组转换成 CString 型变量。程序代码如下：

```
VARIANT variant_inp；
COleSafeArray safearray_inp；
LONG1en,k；BYTE rxdata[2048]；//设置 BYTE 数组
CString strtemp；
```

```
if( m_ctrlComm. GetCommEvent( )= =2)//事件值为 2 表示接收缓冲区有字符
{ variant_inp=m_ctrlComm. GetInput( );//读缓冲区
safearray_inp =variant_inp;//VARIANT 型变量转换为 ColeSafeArray 型变量
1en =safearray_inp. GetOneDimSize( );//得到有效数据长度 for( k=0;k<len,k++)
safearray_inp. GetElement(&k,rxdata+k);//转换为 BYTE 型数组
for( k=0;k<len;k++)//将数组转换为 CString 型变量
{strtemp="";BYTE bt= * (char * )(rxdata+k);//字符型
strtemp. Format("%c",bt);//将字符送入临时变量 strtemp 存放
mstrRXData+=strtemp;}//加入接收编辑框对应字符
}UpdateData( FALSE);//更新编辑框内容
```

5.3.3 收获机信息的传输

短信操作接口的作用是封装使用 AT 指令通过串口控制 GSM 模块的细节，实现发送短信、接收短信、删除短信等功能，向短信服务单元提供简单的调用接口。为了使短信操作接口程序具有封装、独立、可复用的特点，使用 VC 开发了短信操作接口类 CSM SComm，采用 WindowsAPI 函数来进行串口操作，以 DLL 形式集成到短信服务程序中。结构 SERIAL_PORT 定义了串口通信的有关参数，包括端口号（portId）、波特率（baudRate）、奇偶校验标志（parity）、数据位（dataBit）、停止位（stopBit）等；结构 SM_PARAM 定义了短信的相关参数，包括短信服务中心地址（sca）、手机终端号码（tpa）、时间戳（tp_ scts）、短信内容（tp_ud）、短信在 GSM 模块中的位置（nId）；CSM SComm 中定义了初始化串口（InitComm）、关闭串口（CloseComm）、发送短信（SendSms）、读单条短信（RecvSms）、读多条短信（RecvSmsList）、删除一条或多条短信（DeleteSms）、读串口（ReadComm）及写串口（WriteComm）等方法。下面是发短信 SendSms（ ）的源码，描述了发送一条短信的过程。

```
//发送短消息
//lpSms:用于存放短信的相关参数
BOOL CSM SComm::SendSms(SM_PARAM * lpSms)
{SM_PARAM * pSrc = lpSms;
char pdu[ 512];//PDU 串
nPduLeng th = gsmEncodePdu(pSrc,pdu);//将短信参数编码成 PDU 串
strca t(pdu,"\x01a");//以 Ctrl-Z 结束
WriteComm("AT +CMGF =0\r",10);//设置 pdu 模式
sprintf(cmd,"AT +CMGS =%d\r",nPduLength);//生成发送短信命令
WriteComm(cmd,strlen(cmd));//先输出命令串
```

```
nLength = ReadComm(ans,128);//读应答数据
if(strstr(ans," \r\n >") ?=NULL)//根据能否找到" \r\n>"决定成功与否
{WriteComm(pdu,strlen(pdu));//得到肯定回答,继续输出 PDU 串
nLength =ReadComm(ans,128);//读应答数据
if(nLength > 0 && strncm p(ans,"+CMS ERROR",10) ?=0)
{return TRUE;}}//短信发送成功
return FALSE;}//短信发送失败
```

第 6 章 | 基于 PLC 的整机控制系统

6.1 收获机 PLC 控制设计

项目组根据收获机在工作过程中工作部件需要完成的动作进行控制，对收获机的动作进行程序处理。收获机整体 PLC 控制图如图 6-1 所示。

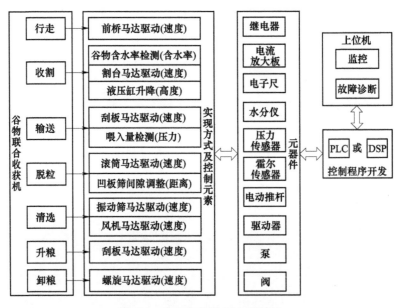

图 6-1 收获机整机 PLC 控制图

PLC 整机控制系统能够控制玉米联合收获机设备的运行，控制系统与收获机工作部件的 IO（输入/输出）设置见表 6-1。

表 6-1 控制系统与收获机工作部件的 IO 设置表

工作部件	控制目的	控制方式	IO 类别	IO 数量
发动机	发动机转速	手油门	AI	1
		脚油门	AI	1
		转速（PWM，脉冲宽度调制）	DI	1

（续）

工作部件	控制目的	控制方式	IO 类别	IO 数量
割台	割台升降	2 位 6 通阀 1 个	DO	1
		电子尺 2 个	AI	2
		割台升降控制阀 1 个	DO	5
	摘穗辊整体偏移	3 位 4 通阀 1 个	DO	2
		电子尺 1 个	AI	1
	摘穗辊相互偏移	3 位 4 通阀 2 个	DO	4
		电子尺 2 个	AI	2
	左侧折叠	3 位 4 通阀 1 个	DO	2
		电子尺 1 个	AI	1
	右侧折叠	3 位 4 通阀 1 个	DO	2
		电子尺 1 个	AI	1
	摘穗辊马达 9 个、搅龙马达 1 个、过桥（喂入马达 1 个）	割台马达控制阀 DPH-0202-17	DO	2
		霍尔传感器测转速 CHE12-10N11-H710	DI	3
脱粒清选	无级变速轮推移液压缸	3 位 4 通阀 1 个	DO	2
	清选筛箱马达	通过 1 个泵（独用）控制	AO	2
	清选风机马达	比例调速阀 DPH-0151-16	AO	2
		霍尔传感器测转速 CHE12-10N11-H710	DI	1
卸粮	摆动液压缸	3 位 4 通阀 1 个	DO	2
	水分传感器	水分传感器 CSFLL-60-AL-A-G	AI	1
	压力传感器	压力传感器 CYT-202	AI	1
行走	前桥驱动	1 个泵（独用）控制速度	AO	2
	速度传感器	1 个	AI	1
	电动手柄	1 个	AI	1
探杆	探杆伸缩测行距	行程开关 6 个	DI	6
		步进电动机 2 个	DO	2
		—	AO	2
		编码器 1 个	AI	3
其他运动部件	输粮搅龙	霍尔传感器测转速 CHE12-10N11-H710	DI	1
	杂余搅龙	霍尔传感器测转速 CHE12-8-10N11-H710	DI	1

（续）

工作部件	控制目的	控制方式	IO 类别	IO 数量
其他 运动部件	滚筒转速	霍尔传感器测转速 CHE12-10N11-H710	DI	1
双倾角传感器		3 个，X、Y、Z 方向	AI	3
定位模块	车体定位	—	AI	2
GSM 通信模块	远程监管	—	AO	1

注：AI 为模拟信号输入模块；DI 为数字信号输入模块；DO 为数字信号输出模块；AO 为模拟信号输出模块。

6.1.1 收获机割台的 PLC 控制

割台部分是收获机上最为重要的部分，我们的割台独有的折叠与行间距调整功能则是下面要介绍的主要内容。割台能够实现折叠功能依靠的是它自身特殊的结构和两个液压缸的伸缩。割台可分为 3 个部分来看，左右两侧的两个可折叠部分（收回时上面没有摘穗辊）和中间的不可折叠部分，左右两侧的两个可折叠部分分别和中间的不可折叠部分连接液压缸（左侧折叠缸和右侧折叠缸），液压缸的运动带动两个可折叠部分实现折叠和放下。割台的摘穗辊数目、不变行间距可调整意味着其在空间方面的特殊需求，而割台的折叠功能为摘穗辊行间距的调节提供了空间上的实现基础，由摘穗辊与割台之间的液压缸（整体偏移缸）和摘穗辊之间的两组液压缸（左组偏移缸和右组偏移缸）提供了现实的可能。按下割台开关、同时探杆机构前后方向安装的靠后的行程开关触发时执行以下步骤：当 PLC 判断探杆机构探测到的玉米行间距不足 500mm 时，割台两侧的两个可折叠部分和折叠缸不动作；当玉米行间距不足 550mm 却超过 500mm 时，右侧的可折叠部分伴随右侧折叠缸的伸长放下，右侧的可折叠部分和中间的不可折叠部分连接平稳后（由两者之间的行程开关得到）整体偏移缸推出将摘穗辊推到右侧（PLC 经过整体偏移电子尺反馈的整体偏移缸推出距离实现闭环控制），然后再由左右两组偏移缸将摘穗辊均匀地分布到右侧的可折叠部分和中间的不可折叠部分上（PLC 通过左右两组偏移电子尺反馈的左右两组偏移缸推出距离实现闭环控制）；当玉米行间距超过 550mm 时，左右两侧的可折叠部分伴随两侧的可折叠缸的伸长放下，左右两侧的可折叠部分分别和中间的不可折叠部分连接平稳后（由可折叠部分和不可折叠部分两者之间的行程开关得到）整体偏移缸推出，将摘穗辊推到右侧（PLC 经过整体偏移电子尺反馈的整体偏移缸推出距离实现闭环控制），然后左右两组偏移缸将摘穗辊均匀地分布到两侧的可折叠部分和中间的不可折叠部分上（PLC 通过左右两组偏移电子尺反馈的左右两组偏移缸推出距离实现闭环控制），从而实现割台的折叠与行间距调整功能。智能化收获机割台的

PLC 控制图如图 6-2 所示。

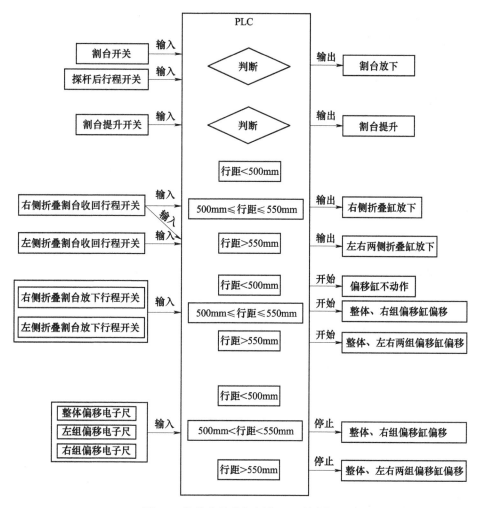

图 6-2 智能化收获机割台 PLC 控制图

6.1.2 收获机探杆的 PLC 控制

探杆机构上面有着两个步进电动机进而可以在 X、Y 两个方向上运动，并且上面安装了 6 个行程开关从而实现我们想要的功能，探杆机构的安装方向即他的较长方向的运动方向与收获机行驶的前后方向一致，较短方向则是和收获机的左右方向（从驾驶员角度来看）一致。在使用探杆机构检测玉米行间距时，首先是带动探杆机构前后方向运行的步进电动机带着探杆机构整体向前移动，直到沿着探杆机构前后方向安装的靠前的行程开关被触发时带动探杆机构前后方向运行的步进电动机停止（此时探杆机构的头部已经伸到割台外即两行玉米之间），同时带着探杆机构头部（探爪）左右移动的步进电动机开始带着探杆机构头部向右运动，直到探杆机构头部右侧的行程开关触碰玉米被触发；带着探杆机构头部左右移动的步进电动机开始带着探杆机构头部向左运动，当探杆机构头部左侧的行程开关触碰玉米被触发时，带动探杆机构前后方向运行的步进电动机带着探杆机构整体向后移动，直到沿着探杆机构前后方向安装的靠后的行程开关被触发时，带动探杆机构前后方向运行的步进电动机停止（此时探杆机构的头部已经收回到了车底）；在探杆机构头部左侧的行程开关触碰玉米被触发后，探杆机构头部仍向左侧行驶，触碰左侧极限位置处的行程开关后向右侧行驶，经 8s 延迟后回到初始位置，带着探杆机构头部左右移动的步进电动机停止。至此探杆机构的运动停止。以上我们提了 5 个行程开关，还有 1 个行程开关设置在探杆机构头部右侧的极限位置处用来应对探杆机构头部因右侧行程开关没有触碰到玉米而一直向右侧运动的特殊情况，在探杆机构的运动过程中，探杆机构头部左右两侧的行程开关被触发的间隔时间被 PLC 记录到 VD4 中，为后来割台的折叠与否和行间距的调节提供了现实依据。智能化收获机探杆的 PLC 控制图如图 6-3 所示。

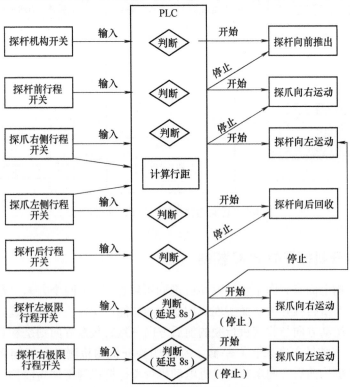

图 6-3　智能化收获机探杆的 PLC 控制图

6.1.3　车体部分的 PLC 控制

1. 控制器及显示器

目前应用比较普遍的控制器包括：单片机、PLC 和 DSP（数字信号处理）等，单片机技术已经成熟，但是单片机的主控制板受制版技术、焊接工艺，结构布局、器件质量等外部环境因素的影响较大，从而导致故障频率较大、抗干扰性较差、易损坏[7]。DSP 具有较好的人机交互界面，运算能力较强，但其操作系统耗费的 CPU（中央处理器）的内存较高，成本较高。PLC 的编译功能强大，通过无触点的电子存储器完成开关动作，用编译程序来代替大部分的继电器和复杂的连线，同时传输距离较大，受外界环境因素影响较小，因此选用 PLC 及扩展模块作为控制器，其型号为 HE203A。

通过在 CoDeSys2.3 开发环境中进行编译，能够支持标准的 IL、ST、FBD、LD、CFC 及 SFC 6 种 PLC 编程语言，用户可以在同一项目中选择不同的语言编辑子程序，同时运用 CoDeSys2.3 软件可以编辑显示器界面。

选择的是 HD064D2 显示器，具有 6.4in 的高亮度 TFT 显示屏分辨率为 640×480 像素，具有 RS232 串口，可直接与 PLC 相连，外接电源为 24VDC。PLC 的基本工作流程图如图 6-4 所示。

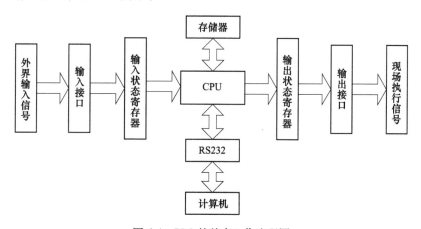

图 6-4　PLC 的基本工作流程图

2. 双倾角传感器

倾角传感器从工作原理上可分为"固体摆""液体摆""气体摆" 3 种类型，收获机车体的灵敏度较高，因此选用"液体摆"式的双倾角传感器。选用北京瑞智永恒科技有限公司的 LE-60 双倾角传感器，其参数见表 6-2。双倾角传感器的安装位置如图 6-5 所示，现场安装位置如图 6-6 所示。

表6-2 LE-60双倾角传感器的参数

特性	条件	参数	单位
供电电压	直流，10~20A	9~15	V
稳定时间功率	测量温度在35℃，0.7s	5	W
测量角度范围	车体发生倾斜	±10	(°)
分辨率	测量温度35℃	±0.03	(°)
精度	测量温度35℃	±0.3	(°)
线性	测量温度35℃	±0.3	%
交叉轴灵敏度误差	测量温度35℃	±3	%

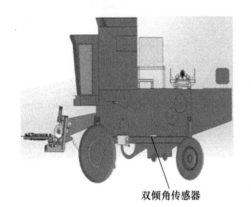

双倾角传感器

图6-5 双倾角传感器的安装位置

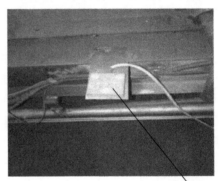

双倾角传感器

图6-6 双倾角传感器的现场安装位置

3. 角度传感器

在车体与车桥通过油气悬架缸体来连接的位置上，通过安装角度传感器采集支撑缸与车体之间的角度，根据车桥与车体之间夹角的变化可以换算出缸体的位置高度，选用北京瑞智永恒科技有限公司的型号为CX-DC-01-03的角度传感器，其供电电压为5V，精度高，通过设计确定了安装结构及位置，如图6-7所示。

4. 油压传感器

在收获机过程中各个油气悬架缸中液压油的压力需要进行监测，当车体发生倾斜时容易造成一个缸体内的油压过大，使缸体破裂，因此需要油压传感器来监测缸体的油压，选用北京瑞智永恒科技有限公司的油压传感器，型号为CX-DC-01-03。

根据调平系统的需求，对系统中的各类传感器以及液压阀组等部件进行地址分配，并制定了相应的I/O地址分配表，见表6-3。

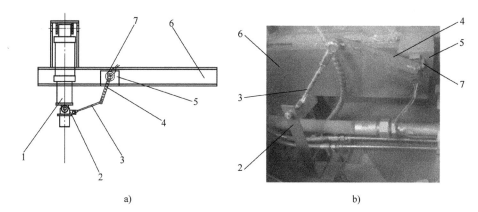

图 6-7 角度传感器的安装结构及位置

1—油气悬架缸 2—连接板 3—球头连接杆 4—U 形连接板 5—方板 6—车体 7—角度传感器

表 6-3 I/O 地址分配表

项目	序号	端子号	备注
输入信号	1	152	左前油压传感器
	2	140	右前油压传感器
	3	151	左后油压传感器
	4	139	右后油压传感器
	5	150	左前角度传感器
	6	138	右前角度传感器
	7	149	左后角度传感器
	8	137	右后角度传感器
	9	126	倾角传感器 X 轴
	10	114	倾角传感器 Y 轴
输出信号	1	118	左前悬架缸——升阀
	2	106	左前悬架缸——降阀
	3	117	右前悬架缸——升阀
	4	105	右前悬架缸——降阀
	5	116	左后悬架缸——升阀
	6	104	左后悬架缸——降阀
	7	115	右后悬架缸——升阀
	8	103	右后悬架缸——降阀
	9	144	溢流阀
	10	129	油压及倾角电源

根据对 PLC 控制器 I/O 地址分配及各类硬件型号的确定，设计同步调平控制系统电路图，如图 6-8 所示。

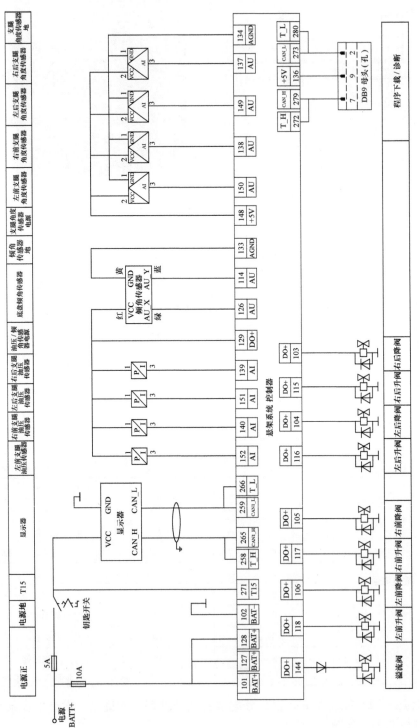

图 6-8 调平控制系统电路图

触摸屏人机交互系统设计包括：系统开发环境的选择、系统界面设计及显示器与 PLC 之间的通信端口设计。触摸屏和 PLC 之间采用 RS232 串口通信，这种通信方式每次传输的数据量为 1bit，可以避免数据的漏失，通过设置校验的防范措施，来保证通讯的准确率，RS232 串口各端子的定义见表 6-4。

表 6-4　RS232 串口各端子的定义

引脚	简写	功能	引脚	简写	功能
1	CD	载波侦测	6	DSR	数据准备
2	RXD	接收数据	7	RTS	请求发送
3	TXD	发送数据	8	CTS	清除发送
4	DTR	数据终端准备	9	RI	振铃指示
5	GND	地线			

TXD 和 RXD 引脚上的电平定义为：信号有效时，电压为 $-15 \sim -3V$，信号无效时，电压为 $+3V \sim +15V$。而 RTS、CTS、DSR、DTR 和 CD 引脚上的电平定义刚好相反，信号有效时，电压为 $+3V \sim +15V$，信号无效时，电压为 $-15V \sim -3V$。

在无外接设备时，RS232 在 15m 之内的传输距离精准度较高，根据收获机的实际尺寸和通讯距离，此种通讯方式满足要求。由于本系统采用标准通信协议，因此只需对触摸屏的 I/O 端口和与 PLC 上对应的端子进行设置，就可以进行通信，然后将设计好的界面图下载到显示器中。

6.2　联合收获机控制系统的人机交互

智能化玉米联合收获机控制系统，以 PLC 作为控制核心，同时配备触摸屏，用以增加人机交互功能。通过触摸屏程序，可实现智能化玉米联合收获机运行监控及参数设置。控制系统能够实现调试运行设置、智能运行设置、设备状态监控、运行参数设置、调试参数设置等功能[8]。

智能化玉米联合收获机控制系统的人机交互采用西门子 Smart 700 IE V3 触摸屏组态软件开发，具有良好的人机交互界面，操作方便，易于学习。

6.2.1　系统主界面

在智能化玉米联合收获机控制系统正常工作后，通过 WinCC Flexible 2008 组态软件进行触摸屏编写，触摸屏显示欢迎界面如图 6-9 所示。

在智能化玉米联合收获机控制系统正常工作后，经过触摸屏显示欢迎界面后进入主界面，主界面也为运行监视界面，触摸屏显示主界面如图 6-10 所示。

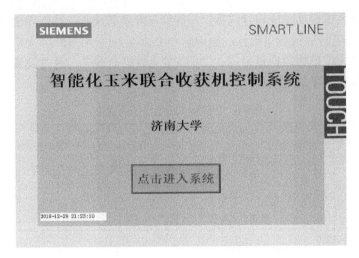

图 6-9　触摸屏显示欢迎界面

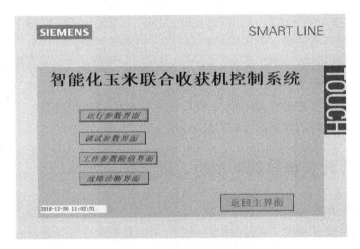

图 6-10　触摸屏显示主界面

　　触摸屏显示主界面的左侧区域设置为按键区，通过按键可使智能化玉米联合收获机控制系统进入运行参数界面、调试参数界面及故障诊断界面等子界面，按键区如图 6-11 所示。

　　点击"运行参数界面"按钮，可使设备进入运行参数界面状态，在此种状态下，传感器检测到收获机的各个部位的运行状态可以通过运行参数界面下的子界面直接显示。

　　点击"工作参数限值界面"按钮，可进入工作参数限值界面状态子界面，子界面信息包括玉米联合收获机的主

图 6-11　按键区

要工作参数范围,设定好参数范围后,如果在调试参数时或者在收获机工作过程中检测到参数超过设置范围,那么会在故障诊断界面中发现。

点击"调试参数界面"按钮,可进入调试参数子界面,当设置调试参数时,如果超出上下限,则无法进行设置,且参数保持原状,如果传感器检测到的数据超出所设置上下限值则进行报警。

点击"故障诊断界面"按钮,可进入故障诊断子界面,在设备运行过程中,传感器检测到的割台倾角、割台液压缸行程等超出规定范围的信息数据,以及超出上限限值的信息均记录在故障诊断界面。

6.2.2　运行参数界面

点击触摸屏显示主界面按键区的"运行参数界面"按钮,则可进入运行参数界面。在此界面下,可以选择割台、车体调平、脱粒清选、车辆行走、发动机、远程监管系统和玉米含水率 7 个界面。点击相应界面按钮,即可进入相应设备运行参数检测界面,观察玉米收获机在正常工作状况下参数的变化。点击"返回"按钮,则可返回主界面。运行参数界面如图 6-12 所示。

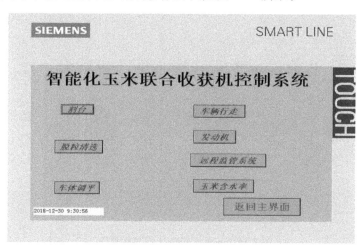

图 6-12　运行参数界面

割台的运行参数界面如图 6-13 所示。

在此界面下,点击相应参数右侧的文本输入框,则可弹出数字键,从而能够得到玉米收获机在工作状况下,传感器检测到的数值。点击"返回主界面"按钮,则可返回到设备的主界面。玉米收获机割台的主要参数包括摘穗辊偏移液压缸、整体偏移液压缸、左折叠液压缸行程、右折叠液压缸行程、摘穗辊转速、拨禾器转速、搅龙转速,割台喂入量等。

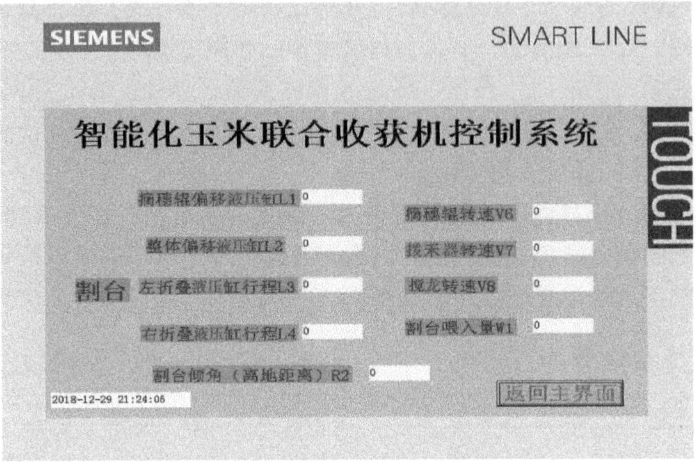

图 6-13　割台的运行参数界面

车体调平的运行参数设置方法同上，其界面如图 6-14 所示：

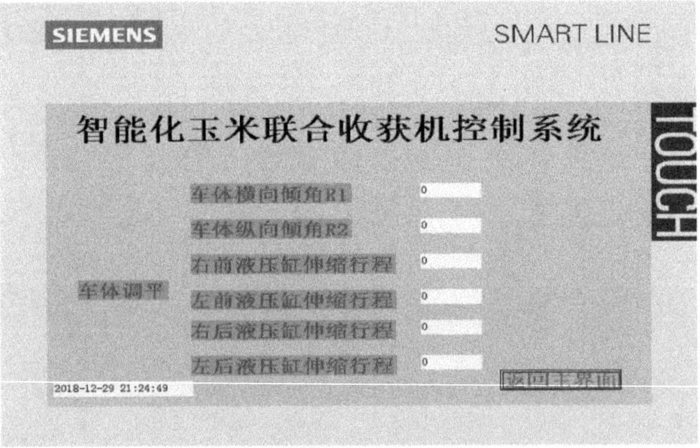

图 6-14　车体调平的运行参数界面

玉米收获机车体调平的主要参数包括车体横向倾角、车体纵向倾角、右前液压缸伸缩行程、左前液压缸伸缩行程、右后液压缸伸缩行程、左后液压缸伸缩行程。

脱粒清选的运行参数设置方法同上，其界面如图 6-15 所示：

脱粒清选的主要参数包括脱粒滚筒转速、风机转速、振动筛偏心轴转速、凹板筛间隙、输粮搅龙转速、杂余搅龙转速。

车辆行走的运行参数设置方法同上，其界面如图 6-16 所示。

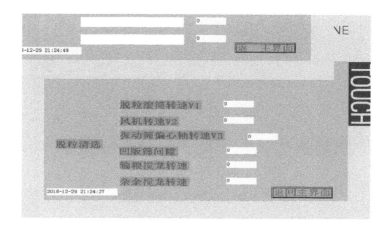

图 6-15　脱粒清选的运行参数界面

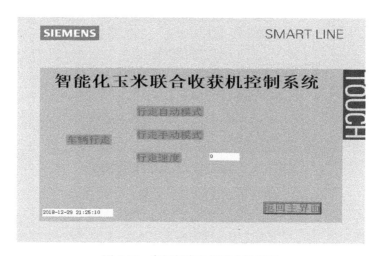

图 6-16　车辆行走的运行参数界面

车辆行走的主要参数包括行走自动模式、行走手动模式、行走速度。

发动机的运行参数设置方法同上，其界面如图 6-17 所示。

发动机的主要参数包括发动机输出转速、油温。

远程监管系统的运行参数设置方法同上，其界面如图 6-18 所示。

远程监管系统的主要参数包括目的地经度和目的地纬度，通过 GPS 定位和导航可实现对省内玉米收获机的智能化统一调度。

玉米含水率的运行参数设置方法同上，其界面如图 6-19 所示。

玉米含水率的主要参数包括温度和含水率。

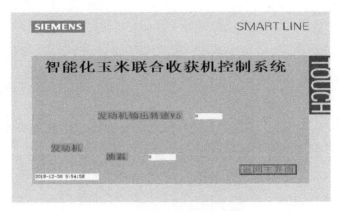

图 6-17　发动机的运行参数界面

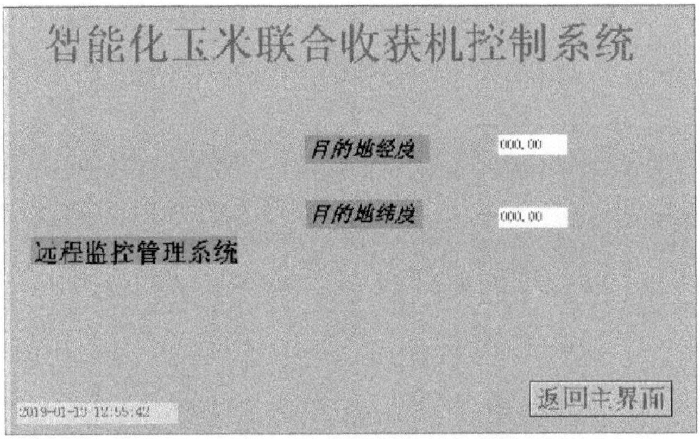

图 6-18　远程监管系统的运行参数界面

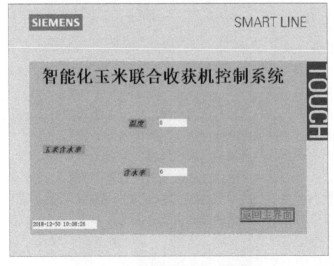

图 6-19　玉米含水率的运行参数界面

6.2.3　调试参数界面

打开触摸屏，点击触摸屏显示主界面的"调试参数界面"按钮，进入调试参数界面，可设置设备的多个可调节参数，其界面如图 6-20 所示。

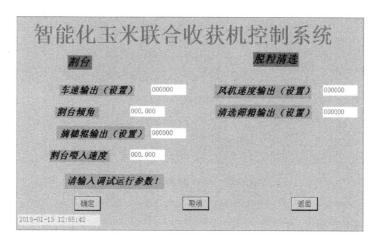

图 6-20　调试参数界面

调试参数包括车速输出、割台倾角、摘穗辊输出、割台喂入速度、风机速度输出、清选筛箱输出。在此界面下，点击相应参数右侧的文本输入框，可弹出数字键，从而能够进行相应参数设置。当参数设置完成后，点击"确定"按钮，则所设置参数数据会下发到 PLC 存储区进行存储，并控制相应设备按照所设置参数运行；点击"取消"按钮，则本次所设置的参数无效，保持原有数值；点击"返回"按钮，则可返回到运行参数界面。

6.2.4　工作参数限值界面

打开触摸屏，点击触摸屏显示主界面的"工作参数限值界面"按钮，进入工作参数限值界面，可设置设备的多个可调节参数，其界面如图 6-21 所示。

工作参数限值界面包括摘穗辊上下限、前进速度上下限、风机速度上下限、振动筛上下限、升粮上下限、杂余上下限、割台搅龙上下限、含水率上下限、压力上下限。

在此界面下，点击相应参数右侧的文本输入框，可弹出数字键，从而能够进行参数设置，当参数设置完成后，点击"确定"按钮，则所设置参数数据可下发到 PLC 存储区进行存储；点击"取消"按钮，则本次所设置参数无效，保持原有数值；点击"返回"按钮，则可返回到运行参数界面。

智能化玉米联合收获机控制系统

摘穗辊下限	0000		杂余下限	0000
摘穗辊上限	0000		杂余上限	0000
前进速度下限	0000			
前进速度上限	0000		割台搅龙上限	0000
风机速度下限	0000		割台搅龙下限	000
风机速度上限	0000		含水率上限	0000
振动筛下限	0000		含水率下限	0000
振动筛上限	0000		压力下限	0000
升粮下限	0000		压力上限	0000
升粮上限	0000			

2019-01-13 12:55:42   确定   取消   返回

图 6-21 工作参数限值界面

6.2.5 故障诊断界面

点击触摸屏显示主界面的"故障诊断界面"按钮，进入故障诊断界面，此界面下可以查看所有故障诊断报警信息记录。故障异常类型包括传感器检测到的压力异常、水分异常、割台喂入速度异常、割台搅龙转速异常、割台左右侧未收回到指定位置、割台左右侧未放下到指定位置、摘穗辊转速异常、振动筛速度异常、未行驶到前后侧指定位置、未检出到行间距等。超出规定范围，报警灯将亮起。界面将显示故障诊断报警信息，其界面如图 6-22 所示。

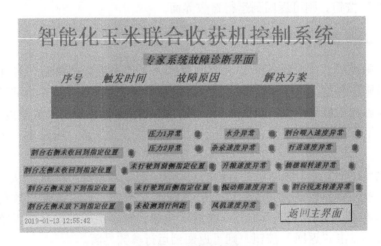

图 6-22 故障诊断界面

第 7 章　收获机的智能化

7.1　收获机的智能控制及远程监控

项目组为实现玉米联合收获机的智能化控制，研究智能化监测和控制系统的功能，开发基于 PLC、GPS 等技术的玉米联合收获机车载系统和远程监管系统，设计了玉米联合收获机智能系统架构，如图 7-1 所示。项目组通过 GPS 定位模块（GT-U7）检测到位置信息单向传递给上位机软件系统（VC 开发），计算机（上位机软件系统）通过可以双向传递信息的 GSM 通信模块（西门子 TC35）将信息单向传递到远程调度中心，实现玉米联合收获机的远程监控管理系统。计算机（上位机软件系统）通过可以双线传递信息的网线将数据传递到下位机 PLC（西门子 ST-60），FBox 通过网线与下位机 PLC 进行数据双向传递，触摸屏与 FBox 通过网线连接，工作人员通过触摸屏可以直观地监测到收获机的工作状态，FBox 云监控装置将收获机的信息传递到云中，项目组利用手机软件和远程监控中心通过云可以实时得到收获机的信息，实现玉米联合收获机的智能控制。

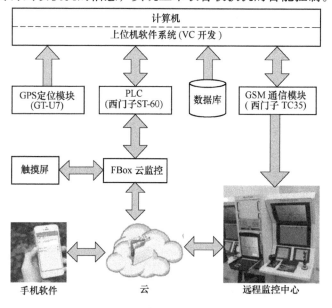

图 7-1　玉米联合收获机智能系统架构

7.1.1　故障诊断专家系统

在 20 世纪 60 年代，故障诊断领域的专家已经对大型机械设备的经济性、可维修性、可靠性和安全性提出了一些基础概念，为故障诊断技术的发展奠定了基础，图 7-2 所示为故障诊断流程图。近 20 年来，计算机技术的应用使故障诊断与维修技术达到了一个新的高度，理论与实践方面不断地提高与创新，使得智能故障诊断技术逐渐进入人们的视野。

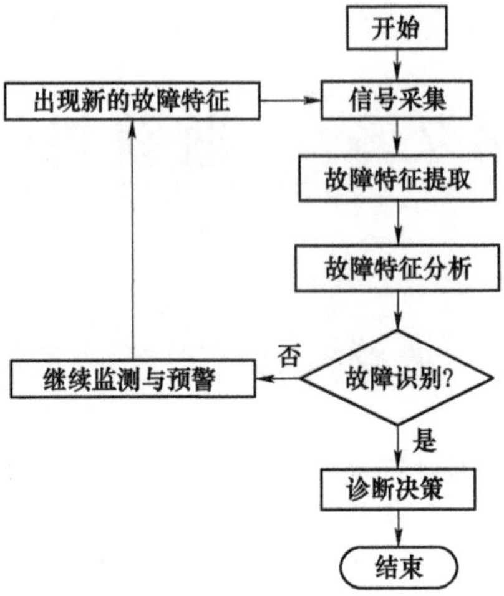

7.1.2　专家系统知识库的概念

知识是人们对客观事物及其规律的认

图 7-2　故障诊断流程图

识，包括对事物的现象、本质、属性、状态、关系、联系和运动等的认识；知识是在改造客观世界的实践中积累并总结出来的方法、策略和经验，包括解决问题的步骤、操作、规则、过程、技术、技巧等具体的微观性方法，也包括诸如战术、战略、计谋、策略等宏观性方法。对客观事物的一般性描述称为信息，信息的载体和表示称为数据，对信息和数据经过加工、整理、解释、挑选和改造，形成的对客观世界的规律性的认识称为知识。知识是经过削减、塑造、解释、选择和转换的信息，是由特定领域的事实、信念、描述、关系、启发式和过程组合起来的。从故障诊断的角度来看，知识是一些事实与概念，规则与规律，方法与技术，以及应用这些概念、事实、规律等能力的综合体，是一种领域知识。领域知识是专家在长期的领域研究和处理各种领域问题的过程中，对实践经验的概括和总结。它来源于专家的实践，又指导着专家的实践。为了把领域知识和经验从专家的头脑或书本中抽取出来，研究各种获取知识的方法和途径成了知识处理中第一个需要解决的问题。然而，知识是一种抽象的东西，要把它告诉计算机或者在其间进行传递，必须把它们以某种形式按逻辑关系表现出来，并最终编码到计算机中去。这就是知识处理中要研究的"知识表示"问题。

7.1.3　车辆故障诊断知识

车辆故障诊断的知识结构如图 7-3 所示。车辆的故障现象按系统划分，每个系统内都有许多故障现象。对车辆进行故障诊断时，诊断人员从故障现象出发，找出故障原因及其相关的零部件。

故障诊断过程中的诊断知识来源于两个方面：一是文献，包括专业书籍、期

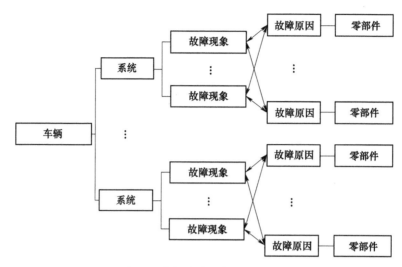

图 7-3　车辆故障诊断的知识结构

刊、产品说明书、操作规程、设计施工总结、安装调试记录，以及设备运行历史资料等；二是领域专家的经验，包括领域专家在问题求解过程中所利用的结构知识、因果知识、行为知识等。

在故障诊断专家系统中，应该根据具体领域专门知识的特点来选择知识表示方式，而知识推理技术又与知识表示方式有密切关系。对于车辆故障诊断专家系统来说，其知识具有鲜明的领域色彩：大量、模糊、灵活、难获取。在车辆故障诊断专家系统中，与故障诊断相关的知识分为事实和诊断型知识两类。

1. 事实

用于车辆故障诊断的事实包括如下信息：诊断对象在工作时的性能参数，如发动机工作时的功率、转矩、油耗等；诊断对象在运行过程中产生的外部可观测信号，如振动、噪声、温度等；诊断对象有关的外围知识，如设备使用时间、修理次数、工作环境等。这些信息往往以模糊命题的形式出现。

2. 诊断型知识

车辆故障诊断中表示故障、征兆和原因等直接相联系的专家启发式经验知识，是一种逻辑上的因果关系，往往以规则的形式存在于专家的头脑中并被专家灵活运用，把这种用于描述车辆中故障与原因之间逻辑上因果关系的规则型知识称为诊断型知识。对这种知识，人们往往缺乏本质性的认识，在很多情况下，即使是人类专家也难以清楚地将其表达出来。因此，这种知识很难获取。经验知识作为诊断型知识的一个重要组成部分，虽然缺乏充分的理论依据，但在解决复杂的实际问题时往往十分有效。开发车辆故障诊断系统的一个重要任务就是挖掘诊断领域专家的这种知识，将其存储于系统的知识库中供以后诊断推理使用。

7.1.4 专家系统知识库的建立

项目组通过分析玉米收获机常见故障特征，研究故障的演变趋势、故障的原因和处理办法，建立故障特征、故障原因和故障处理方法的逻辑关系，最后建立了故障诊断专家系统知识库，见表7-1。

表7-1 专家系统知识库

故障编号	故障名	故障类型	故障特性	故障原因	维修策略
1	过桥液压驱动轴停止转动	过桥自身	过桥液压驱动轴霍尔传感器检测不到转速	玉米喂入量太多发生堵塞	停车清理过桥，降低玉米收获机的收获速度
2	过桥喂入口处翻草	过桥自身	过桥压力传感器检测数值较小	伸缩指调节手柄的紧固螺栓松动	调节手柄的紧固螺栓
3	脱粒滚筒堵塞	脱粒清选装置	滚筒霍尔传感器检测不到数据	收获机前进速度过高，喂入量太大；秸秆含水率高；作业功率太小，导致滚筒驱动力克服不了脱粒阻力；收获机作业速度太快，导致实际喂入量超过机器所能承受的喂入量	停车清理脱粒滚筒，降低前进速度，提高脱粒滚筒转速，加大作业功率
4	脱粒不干净	脱粒清选装置	凹板筛压力传感器检测数值较小	凹板筛间隙大	调节凹板筛间隙
5	碎粒超标	脱粒清选装置	凹板筛压力传感器检测数值较大	凹板筛间隙小	调节凹板筛间隙
6	玉米籽粒分离不良	脱粒清选装置	清选风机马达霍尔传感器检测数值较小	清选风机转速较小	增大清选风机马达流量
7	作业中掉粒	脱粒清选装置	清选风机马达霍尔传感器检测数值较大	清选风机转速较大	减小清选风机马达流量
8	输粮搅龙停止转动	输粮搅龙	输粮搅龙霍尔传感器检测不到转速	前进速度太快，喂入量增加；禾秆粗壮	停车清理搅龙，降低行车速度，提高割茬高度，减小割幅

（续）

故障编号	故障名	故障类型	故障特性	故障原因	维修策略
9	拨禾器、摘穗辊停止转动	割台	割台齿轮箱霍尔传感器检测不到转速	杂草过多、割茬过低；收获机前进速度过高，喂入量太大，秸秆含水率高	降低收获机收获速度，减小割幅
10	齿轮箱杂音	割台	齿轮箱发出杂音	异物落入齿轮箱；锥齿轮侧向间隙过大；轴承损坏；齿轮轮齿折断	取出异物，重新调整间隙，修复或更换轴承和齿轮
11	齿轮箱漏油	割台	拨禾器齿轮箱霍尔传感器检测的转速较低	油封损坏；纸垫损坏；齿轮箱裂缝	更换油封和纸垫，焊补箱体
12	筛面堵塞	脱粒清选装置	水分传感器检测不到数值	脱粒清选装置调整不当，碎茎秆太多，风扇吹不开脱出物，使前部筛孔被碎茎秆、穗"堵死"而引起杂余推运器超负荷或堵塞	减少喂入量，降低滚筒转速或适当加大脱粒间隙，提高风量和改变风向，调整筛面间隙以改善筛面
13	输送带堵塞	机械传动	清选风机马达霍尔传感器检测不到数值	收割时，喂入量太大，输送带和动力传动带松动	减少收获机工作喂入量
14	割台相对调节高度较低	割台	割台升降液压缸电子尺检测不到数据	割台升降液压缸收缩量过大	合理地控制割台升降液压缸行程
15	割台相对调节高度较高	割台	割台升降液压缸电子尺检测到的数据超过行程	割台升降液压缸伸长量过大	合理地控制割台升降液压缸行程
16	割台不能实现折叠功能	探杆	探杆装置中行程开关检测不到数据	探杆结构出现问题	停车检测探杆结构
17	割台偏移功能	割台	割台折叠行程开关检测不到数据	割台偏移液压缸无法正常工作	下车检测割台折叠行程开关是否吸合
18	田间失粒多	脱粒清选装置	收获机在工作过程中田间失粒多	脱粒部件瓦筛开度大	缩小脱粒瓦筛间隙，上筛开度保持不大于2/3，下筛开度一般不小于1/3

（续）

故障编号	故障名	故障类型	故障特性	故障原因	维修策略
19	喂入不均匀	割台	割台运动产生的振动较大	拨禾轮位置离割台喂入搅龙太远，中间段的搅龙叶片与底板间的距离太大，作物倒伏或潮湿	修复割台喂入搅龙叶片，使其高度恢复至正常值
20	粮箱中谷粒不干净	粮箱	玉米杂余率高	风扇转速低、风扇倒风板角度不合适、鱼鳞筛片开度大	应根据收割作物的实际情况适时调整
21	收获机行走故障	发动机	车速传感器检测不到数值	发动机出现故障	停车检测发动机
22	作业时掉秆	割台	收获机工作秸秆脱落	拨禾轮工作位置不当、转速较低、分禾器偏斜	适当提高拨禾轮转速，使其与收获机的前进速度相匹配

7.1.5 专家系统推理

在规则推理过程中，推理机制就是在故障问题求解时对知识的选择与应用，通过对知识的引导，使得每个故障问题都能与之相对应，避免无关知识的选择，从而缩短故障诊断的时间，达到诊断的高效性。产生式系统是根据知识库里的规则和当前输入的故障事实进行两者匹配，并对得出的推理结果进行冲突消解，最终得出诊断结果。

推理是在已知事实的基础上，运用已掌握的知识，找出其中蕴含的事实或推导出新的事实的过程。推理机（Inference engine）是专家系统的"思维机构"，它是记忆所采用的规则和控制策略，是实现专家系统推理功能的一个或一组计算机程序。在专家系统中，推理机构根据用户提供的事实，利用知识库中的知识，按照一定的推理方法和求解策略进行推理，求得问题的答案。推理机构和知识库构成了专家系统的核心框架。

按专家系统的理论，基本的推理控制策略有正向推理、反向推理和混合推理等，按推理条件与结论的关系又分为精确推理和不精确推理等方式。

项目组采用正向推理方法。

正向推理是以已知事实作为出发点的一种推理，又称为数据驱动推理、前向链推理、模式制导推理及前件推理等。

正向推理的基本思想是：从用户提供的初始已知事实出发，在知识库 *KB* 中找出当前可适用的知识，构成可适用知识集 *KS*，然后按某种冲突消解策略从 *KS* 中选出一条知识进行推理，并将推出的新事实加入到数据库中作为下一步推理的已知事实，之后再在知识库中选取可适用知识进行推理，如此重复进行这一过程，直到求得了所要求的解或者知识库中再无可适用的知识为止。其推理过程可用如下的算法描述：

1）将用户提供的初始已知事实送入数据库 *DB*。

2）检查数据库 *DB* 中是否已经包含了问题的求解，若有，则求解结束，并成功退出，否则执行下一步。

3）根据数据库 *DB* 中的已知事实，扫描知识库 *KB*，检查 *KB* 中是否有可适用（即可与 *DB* 中已知事实匹配）的知识，若有，则转 4），否则转 6）。

4）把 *KB* 中所有的适用知识都选出来，构成可适用的知识集 *KS*。

5）若 *KS* 不空，则按某种冲突消解策略从中选出一条知识进行推理，并将推理出的新事实加入 *DB* 中，然后转 2）；若 *KS* 空，则转 6）。

6）询问用户是否可进一步补充新的事实，若可补充，则将补充的新事实加入 *DB* 中，然后转 3）；否则表示求不出解，失败退出。

以上算法可用图 7-4 所示的示意图来表示。

从表面上看，正向推理似乎并不复杂，其实在具体实现时还是有许多工作要做的。例如，首先，在以上推理过程中要从知识库 *KB* 中选出可适用的知识，就要用知识库中的知识与数据库中的已知事实进行匹配，为此就需要确定匹配的方法。另外，匹配通常都难以做到完全一致，因此还需要解决怎样才算是匹配成功的问题。其次，为了进行匹配，就要查找知识，这就牵涉到按什么路线进行查找的问题，即按什么策略搜索知识库。再如，如果适用的知识只有一条，这比较简单，系统立即就可用它进行推理，并将推出的新事实送入数据库 *DB* 中。但是，如果当前适用的知识百多条，应该先用哪一条？这是推理中的一个重要的问题，称为冲突消解策略。总之，为了实现正向推理，有许多具体问题需要解决。

推理机是一切基于知识的智能系统的核心，推理机的合理性直接反映到推理机结果的正确性与推理过程的实时性。在本系统中，使用关系数据库来存储知识库，构造了几个关系数据库，对于关系数据库或者关系型知识库，对其操作只能依靠 SQL（结构化查询语言）。

项目组采用的是一个基于产生式系统的知识库，规则处理形式为 "If…Then…" 的表达式。我们用 C++编写推理函数，采用正向推理，并采用逐步缩小范围的搜索策略，即先在整个知识库中搜索与输入症状相匹配的规则到临时数据表，然后再在临时数据表中搜索，直至得出最后的结果。

系统的推理机主要完成下述功能：从事实库中获取已知信息；从知识库中选

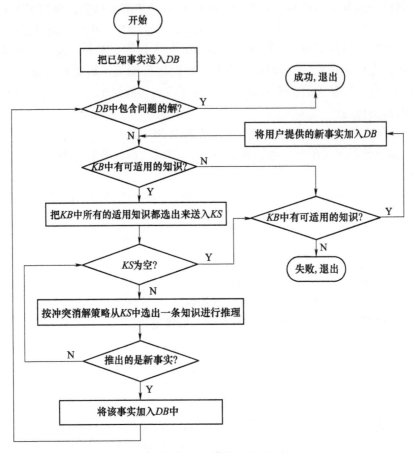

图 7-4 正向推理示意图

取可信度较高的知识，进行知识处理；将结果存入数据库；再从当前状态开始，选取知识进行知识处理，直到得到求解结果。

具体的推理算法如下：

```
update Rule set Num2 = Num;
update Fact set Used = 0;
清空 Temp
Bool mark1 = false;
Varint_t var;
sqlstr1 = "Select FACT_DM, Used from Fact where Used-0";
If(Recordset1. Open(sqlstr1)
{
while(Recordset1. adoEOF!  = NULL)
{
```

Recordset1. Getcollect(OL,FACT_DM) ;

If(Recordset2. Open("Select * from Templ where cond1 = " +FACT_DM+" or cond2 = " +FACT_ DM+" or cond3 = " +FACT_DM+" or cond4 = " +FACT_DM+" or cond5 = " +FACT_DM+" "))

｛

Then

｛

while(Recordset2. adoEOF! = NULL)

｛

｛

置此记录 Num2 = Num2-1;if(Recordset2. Num2l = 0)

Then

｛

把此记录加入 Temp 的尾部

Recordset2. MoveNextO ;

｝

Else

｛从 Temp 中删除此记录;Recordset2. Getcollect (" conclusion" , var) ; Recordset1. Putcollect ("1" ,Used) ;Recordset1. Addtail(var,o) ;Recordset2. MoveNextO;Break ;

｝

Recordset2. Close) ;Else

｛

If(Recordset2. Open("Select * from Rule where cond1 = " +FACT_DM+"

or cond2 = " +FACT_DM+" or cond3 = " +FACT_DM+" or cond4 = " +FACT_DM+" or cond5 = " + FACT_DM+" "))

Then while(Recordset2. adoEOF! = NULL)

｛

置此记录 Num2 = Num2-1;

if(Recordset2. Num2! = 0)

Then 把此记录加入 Temp 的尾部

Recordset2. MoveNext0;Else Recordset2. Getcollect (" conclusion" , var) ; Recordset1. Putcollect ("1" ,Used) ;Recordset1. Addtail(var,o) ;Recordset2. MoveNext) ;Break ;

｝

Recordset2. Close0;Else Recordset1. Putcollect("2" ,Used) ;

｝

Recordset1. Close) ;

查询 Fact 表中是否有 Used = 2，查询 Temp 表是否为空，end;

Fact 表中 Used = 2 的 Fact_DM 和 Temp 中的纪录即为推理结果。

7.2　基于 FBox 的远程监控系统的功能

项目组利用 FBox 连接收获机控制柜中的 PLC 设备，将数据通过 4G 网络传递到远端的服务器中，可以实现数据的采集、收获机设备的监控、故障报警等功能。工作人员可以通过手机下载软件，通过手机端可以知道玉米收获机的工作状态，可对收获机进行工作状态监视，通过手机可以设置收获机目的地的经纬度，对收获机进行远程调度。

7.2.1 远程监控系统的读取参数监控界面

项目组通过网线把 FBox 和控制柜中的 PLC 设备连接，在数据监控界面中的读取参数模块下可以实时地检测到收获机工作状态下的参数值，实现对玉米收获机的远程监控。玉米收获机工作的读取参数如图 7-5 所示。

状态	名称	数值	地址	描述	操作
●	玉米行间距		VD 4	VD 4	
●	右侧电子尺		VD 236	VD 236	
●	左侧电子尺		VD 216	VD 216	
●	割台提升电子尺		VD 256	VD 256	
●	整体电子尺		VD 416	VD 416	
●	摘穗辊速度		VW 316	VW 316	
●	车速		VW 24	VW 24	
●	风机速度		VW 32	VW 32	
●	清选筛速度		VW 40	VW 40	
●	凹板筛档位调节参数		VD 300	VD 300	
●	脱粒滚筒速度		VD 8	VD 8	
●	实测摘穗辊速度		VD 56	VD 56	
●	实测车速		VD 72	VD 72	
●	实测风机速度		VD 90	VD 90	
●	实测振动筛		VD 332	VD 332	
●	实测升粮速度		VD 348	VD 348	
●	实测孕穗转速		VD 364	VD 364	
●	实测割台绞龙		VD 380	VD 380	
●	实测过桥转速		VD 396	VD 396	
●	实测含水率		VW 120	VW 120	
●	实测压力		VW 168	VW 168	
●	目的地经度		VW 600	VW 600	
●	目的地纬度		VW 620	VW 620	

图 7-5 玉米收获机工作的读取参数

项目组通过设置程序中的地址，保持 FBox 地址与收获机 PLC 中的地址一致，可以远程检测收获机工作时参数的变化。也可以在该界面中对收获机工作参

数进行设置，远程修改工作参数，对收获机工作进行远程控制，对目的地经纬度
进行修改，可以对收获机进行远程的调度。

7.2.2　远程监控系统的故障监控界面

项目组在上下限参数设置界面中，对玉米收获机主要工作部件进行上下限参
数设置，对收获机进行故障保护。如果在实际工作过程中收获机的工作参数超过
了上下限参数设置，那么 FBox 会进行故障报警。玉米收获机的上下限参数如图
7-6 所示，玉米收获机的故障报警如图 7-7 所示。

数据监控	报警记录	历史数据	边缘计算	远程下载	视频监控	地址标签	基本配置

读取参数 (23)　故障 (19)　**上下限参数 (20)**　⚙ 分组设置　◉ 全局设置

	状态	名称	数值		地址	描述	操作
☐	●	摘穗辊转速下限		☑	VD 624	VD 624	✏ ⧉ 🗑
☐	●	摘穗辊转速上限		☑	VD 628	VD 628	✏ ⧉ 🗑
☐	●	前进速度下限		☑	VD 632	VD 632	✏ ⧉ 🗑
☐	●	前进速度上限		☑	VD 636	VD 636	✏ ⧉ 🗑
☐	●	割台喂入速度下限		☑	VD 640	VD 640	✏ ⧉ 🗑
☐	●	割台喂入速度上限		☑	VD 644	VD 644	✏ ⧉ 🗑
☐	●	风机速度下限		☑	VD 648	VD 648	✏ ⧉ 🗑
☐	●	风机速度上限		☑	VD 652	VD 652	✏ ⧉ 🗑
☐	●	振动筛下限		☑	VD 656	VD 656	✏ ⧉ 🗑
☐	●	振动筛上限		☑	VD 660	VD 660	✏ ⧉ 🗑
☐	●	升粮下限		☑	VD 664	VD 664	✏ ⧉ 🗑
☐	●	升粮上限		☑	VD 668	VD 668	✏ ⧉ 🗑
☐	●	杂余下限		☑	VD 672	VD 672	✏ ⧉ 🗑
☐	●	杂余上限		☑	VD 676	VD 676	✏ ⧉ 🗑
☐	●	割台搅龙下限		☑	VD 680	VD 680	✏ ⧉ 🗑
☐	●	割台搅龙上限		☑	VD 684	VD 684	✏ ⧉ 🗑
☐	●	含水率下限		☑	VW 688	VW 688	✏ ⧉ 🗑
☐	●	含水率上限		☑	VW 692	VW 692	✏ ⧉ 🗑
☐	●	压力下限		☑	VW 696	VW 696	✏ ⧉ 🗑
☐	●	压力上限		☑	VW 700	VW 700	✏ ⧉ 🗑

图 7-6　玉米收获机的上下限参数

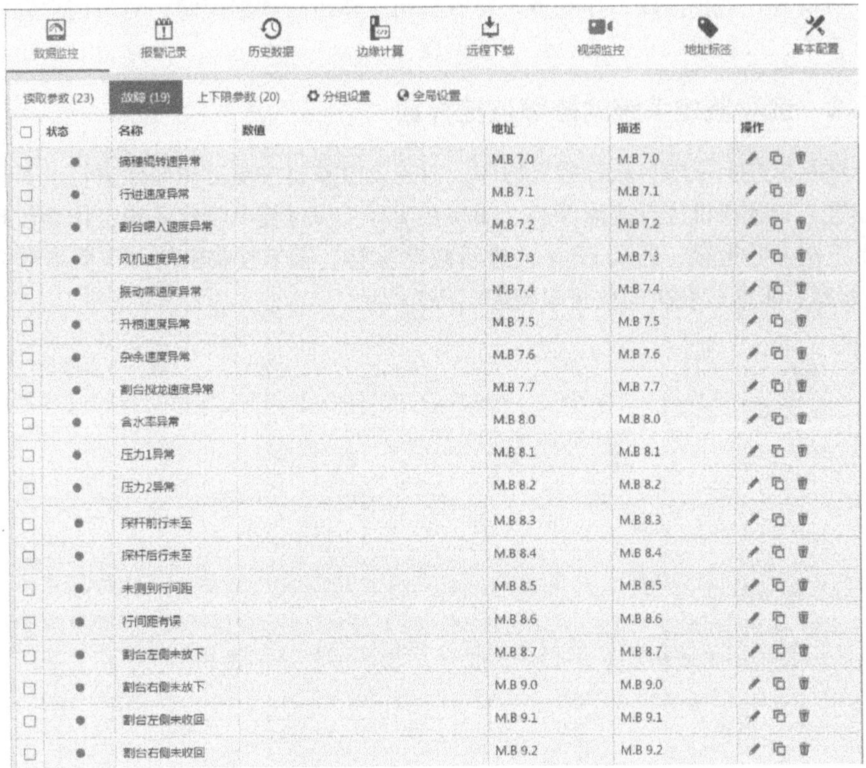

图 7-7　玉米收获机的故障报警

　　研究的收获机车载终端可通过 CAN（控制器局域网络）总线对动力环信息进行采集，获取收获机的实时运行信息，并对其进行处理和保存或者远程发送。数据存储于远程监控调度服务中心的数据库中，通过备份、复制等手段提取数据。智能车在工作环境中将自身的信息利用 GPS 技术进行车辆定位，再通过 GPRS（通用分组无线服务技术）（或 4G）无线网络将采集到的 GPS 位置、速度、方向、时间等信息通过 GSM（全球移动通信系统）短消息及时传回运调中心，完成车载运调系统的运营数据上传或指令下达，对智能车进行路径规划，实现远程调度。

　　收获机通过 GPS 技术主要用来实现车辆实时定位，获取车辆的速度、前进方向等信息，从而实现在远程调度系统人机交互界面的电子地图中实时显示车辆的当前位置。收获机车载终端可进行收获机控制及实现车内数据交换和信息共享。GPRS/4G 无线通信模块作为一个无线接口被搭建在收获机车载终端上，数据信息不仅可以在收获机车载电子设备内部传输，而且那些需要与远程监控调度服务中心交互的数据可通过 GPRS/4G 无线通信模块进行收发。

参 考 文 献

［1］ 国家统计局.中国统计年鉴2018［M］.北京：中国统计出版社，2018.

［2］ 叶康锋.重载、高精度平台调平控制系统的研究［D］.重庆：重庆大学，2004.

［3］ 于海峰.基于ADAMS/Car的悬架系统对操纵稳定性影响的仿真试验研究［D］.大连：大连理工大学，2007.

［4］ 刘延俊.液压与气压传动［M］.3版.北京：机械工业出版社，2012.

［5］ 胡涛.图像处理技术在农业工程中的应用［J］.安徽农业科学，2005（04）：678-679.

［6］ 宋凤菲.彩色图像灰度化及其效果的客观评价方法研究［D］.厦门：华侨大学，2014.

［7］ 陈进，吕世杰，李耀明，等.基于PLC的联合收获机作业流程故障诊断方法研究［J］.农业机械学报，2011，42：112-116.

［8］ 王剑锋.PLC控制技术在收获机械上的应用［J］.农业工程，2018，8（09）：27-29.

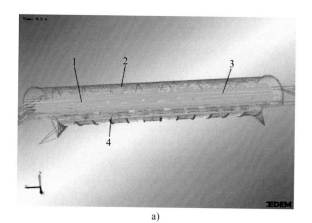

a)

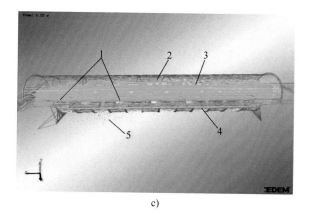

b)

c)

图 3-6　玉米籽粒脱粒仿真过程

a)

b)

图 3-8　脱出物着色

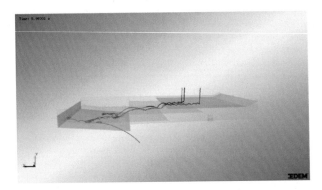

图 3-9　玉米脱出物中各种成分的运动轨迹